郵便局の裏組織

「全特」――権力と支配構造

藤田知也

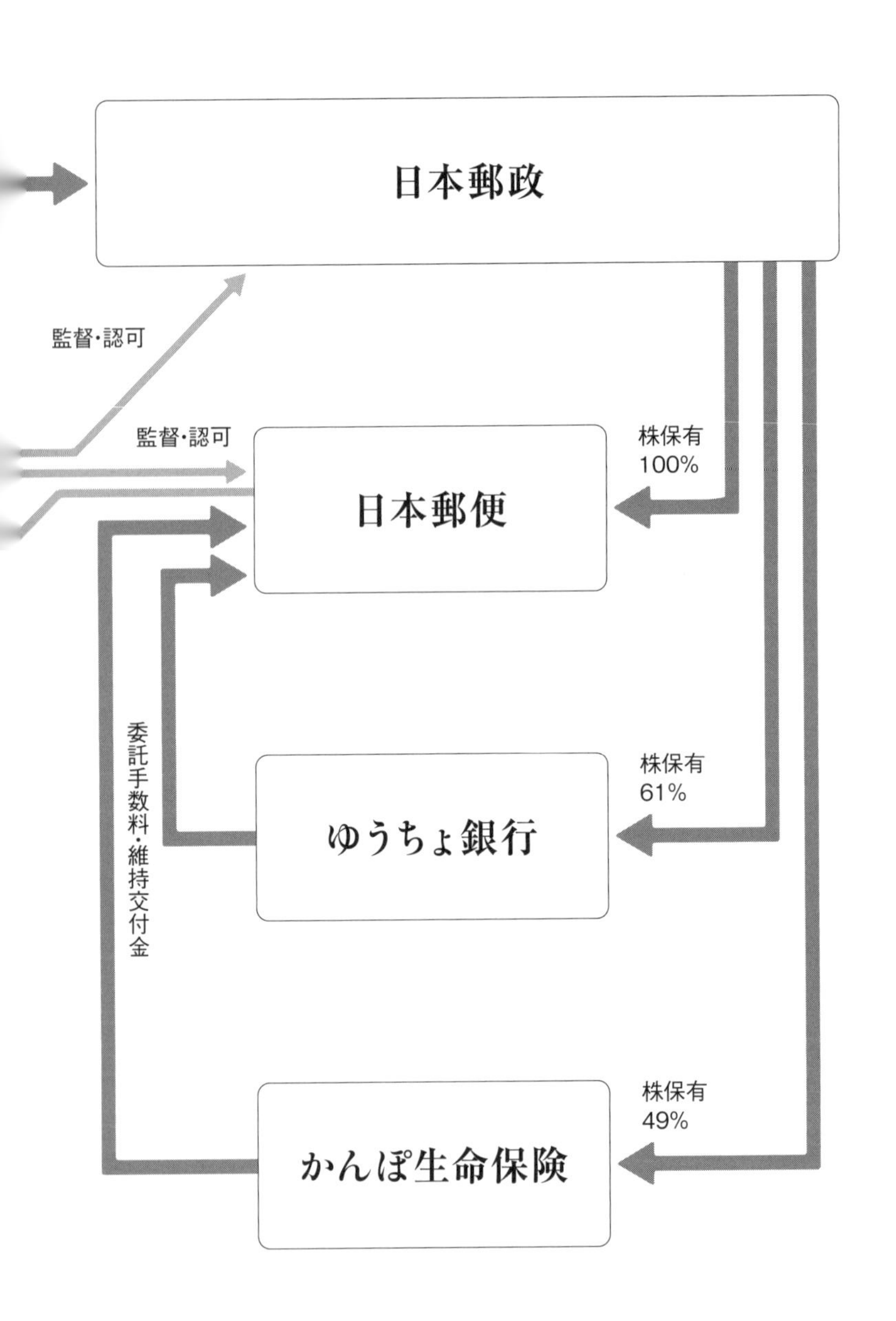
日本郵政
監督・認可
監督・認可
株保有
100%
日本郵便
株保有
61%
ゆうちょ銀行
委託手数料・維持交付金
株保有
49%
かんぽ生命保険

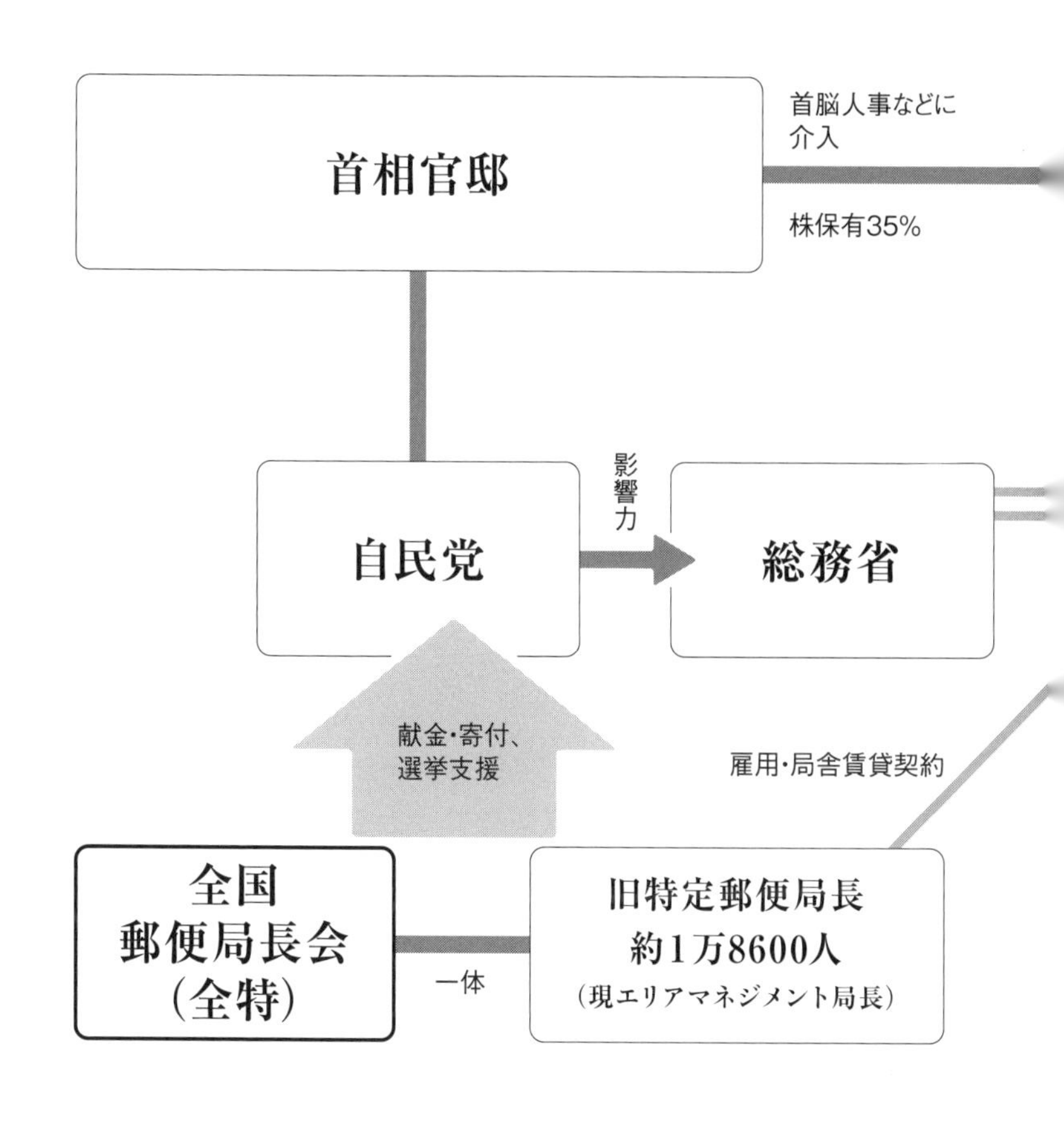

日本郵政グループのいびつな経営構造

※株式保有割合は2022年9月末時点（議決権ベース）。
ゆうちょ銀行株は2023年3月29日時点

日本郵政グループの経営体制の変遷

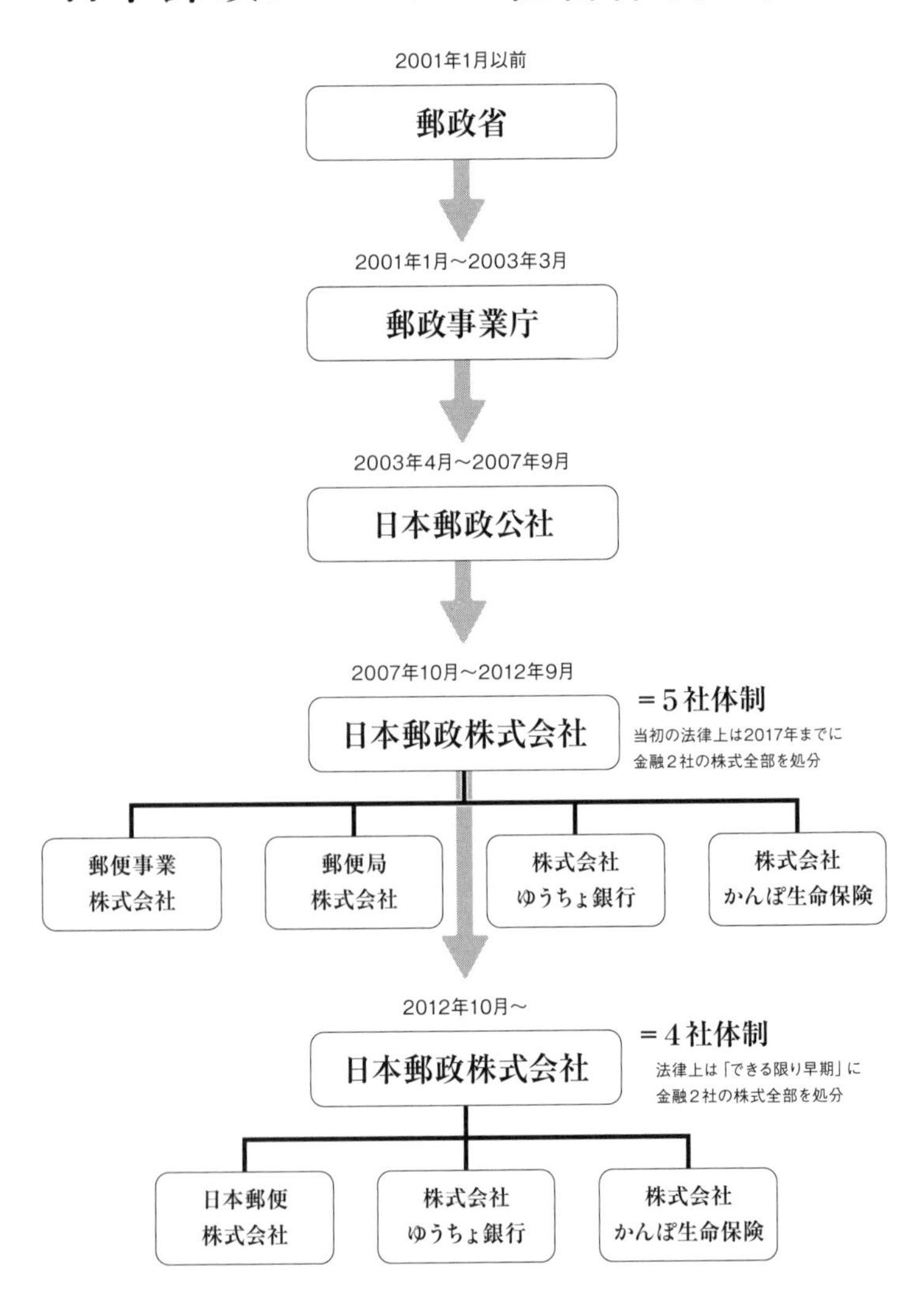

日本郵便と郵便局長会の役職は多くが一致する

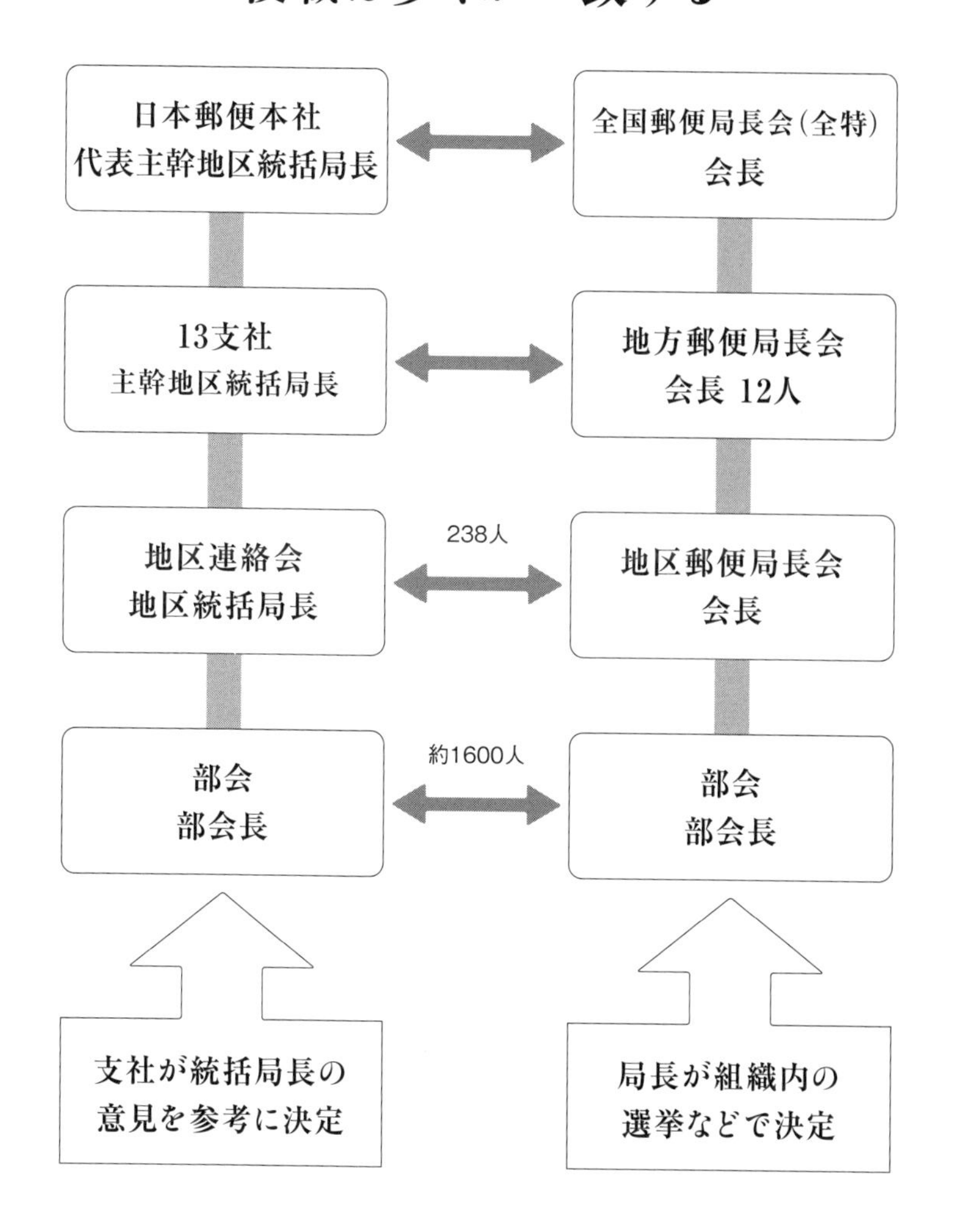

参院選で郵便局長会が得た地方会別の票数速報

地方会（会員数）	得票数（2022年）	1局平均得票数	後援会会員数（2022年6月5日時点）	前回得票数（2019年）	増減率
北海道（1140）	25755.916	22.6	75456	29820.616	-13.6%
東北（1808）	34153.138	18.9	108207	51843.194	-34.1%
関東（3047）	91574.410	30.1	286906	131605.823	-30.4%
東京（1369）	10817.060	7.9	56973	13969.031	-22.6%
信越（904）	23981.497	26.5	88517	38777.281	-38.2%
北陸（618）	16604.946	26.9	59217	25650.751	-35.3%
東海（1905）	43761.929	23.0	144511	67863.024	-35.5%
近畿（2840）	32023.775	11.3	116068	50400.808	-36.5%
中国（1636）	58610.793	35.8	233852	70063.038	-16.3%
四国（865）	28117.508	32.5	71823	43616.966	-35.5%
九州（2275）	46934.045	20.6	185126	74041.320	-36.6%
沖縄（161）	2035.500	12.6	7287	2538.051	-19.8%
全国計（18568）	**414370.517**	22.3	**1433943**	**600189.903**	-31.0%

※全国郵便局長会「〈速報〉第26回参議院選挙（令和4年7月10日）地方会別得票数」2022年7月内部資料をもとに作成。2022年の得票はその後の修正で、0.503票増えた

はじめに――ニッポン最強の集票マシン

裏切り者は「絶対に潰す」

パンドラの箱を開けたのは、決死の思いで録音された1時間18分の音声データだった。

耳を澄ませば、オルゴールのようなＢＧＭが流れている。そこにドスのきいた男の声がかぶさってきた。

「絶対に潰す。どんなことがあっても潰す。辞めさせるまで追い込むぞ」

62歳だった男は郵便局長として、〝裏切り者〟を捜していた。疑わしい配下の局長を郵便局の応接スペースに呼びつけ、身内の不正を本社に内部通報したことを自白させようとしている。か細い呻(うめ)き声も聞こえてくる。疑われた40代の男性局長が、「いえ」「そんな」と絞り出している――。これが２０１９年1月に起きた出来事だ。

男が守ろうとしたのは、〝同一認識・同一行動〟の徹底を求める組織の規律である。

組織とは、郵便局を運営する日本郵便ではない。現役の局長だけで構成する「郵便局長会」を指す。法人格のない任意団体で、中央組織の「全国郵便局長会（全特）」を頂点に、12の

「地方郵便局長会」、238の「地区郵便局長会」、約1600の「部会」へと枝分かれするピラミッド組織。会員数は全国で1万8千人を超える。

そのなかで男は、九州ナンバー2の座にいた。日本郵便九州支社でも高位の役職を与えられて厚遇され、地域で強力な人事権限も握るが、優先するのは勤め先のガバナンスや人権ではなく、局長会の結束とメンツだった。

音声データには、こんなセリフも記録されている。

「局長会ちゅうのは、選挙もやる。選挙違反かもしれんこと、やるよ。『仕事時間にお客さんとこ行って選挙活動してますよ』とあげられたら、危なっかしくてできんもん。ぜんぶクビが飛ぶ。俺なんか、簡単に飛ぶよ。みんな飛ぶよ……」

私は2020年2月にこの音声データを入手し、男の言葉を一文字ずつ起こしていった。朝日新聞デジタルで音声とともに記事を配信し始めたときは、これは大問題に発展すると信じて疑わなかった。折しも日本郵政グループは、かんぽ生命保険の不祥事を受けて経営陣を刷新し、企業再建のさなかにあった。

ところが、刷新されたはずの経営陣の対応は異様だった。局長会に話が及ぶと途端に口が重くなり、腫れ物に触るように言及を避けた。日本郵便の社長に至っては、ウソに違いない説明を2度、3度と繰り返した。男の脅迫行為が刑事事件として立件され、やむなく再調査や追加処分に及んだが、それでも問題の根底にある局長会活動にメスを入れることは拒み通した。

支社幹部でもある局長の「選挙違反かもしれんこと」について、政府が出資する上場企業として調べるのは当然ではないか。少なくとも本人に話を聴くべきではないか。そう尋ねる私に、日本郵便は2021年7月、調査する必要などないのだと堂々と宣誓してみせた。そこまで言われたら、自分で調べてみるしかない。彼らがいったい何を隠しているかを。

不正で選挙の得票を上積み

ニッポン最強の集票マシン——。局長会は長らくそんなふうに呼ばれてきたが、内実はベールに包まれている。

第2次安倍政権の発足以降、3年に1度の参院選で、局長会は組織の代表を自民党公認候補として比例区に立ててきた。2013年は42万票、2016年は52万票、2019年は60万票と躍進し、いずれも自民党でトップ当選を果たした。投票総数の1%を超え、会員1人あたりの平均集票数は30票超に。組織代表を国会に送り込む他の業界団体と比べても、集票能力の高さはピカ一だ。

強さの秘密はどこにあるのか。

私はかんぽ生命の不祥事が発覚したのを機に、２０１９年夏の参院選の直後から日本郵政グループについて取材を始めた。その過程で局長会にまつわる噂や醜聞も耳にしたが、公表される情報はわずかで、確たる証言や文書も限られていた。前作『郵政腐敗　日本型組織の失敗学』（光文社新書）を書いたときも、取材に協力してくれる現役の局長は一握りだった。

そこで２０２１年の夏から、局長会に照準を合わせて取材を深めてみることにした。取材源を各地につくり、翌年の選挙活動をリアルタイムで観察する狙いだったが、目論見はやや外れた。選挙を待つ暇もなく、不正や不祥事、違法行為が続々と浮かび上がってきた。

厳しい「集票ノルマ」に追い立てられる局長たちは、得票を増やそうと、郵便局のロビーでユルそうな客を物色していた。顔なじみのお年寄りに近づき、雑談を通して投票行動を分析。使えそうな客はエクセルファイルでリスト化し、無断で政治団体と共有する者もいた。

郵便局の経費や物品を選挙のために流用する例は、枚挙にいとまがない。億単位の会社予算を引き出して購入されたカレンダーが、選挙のために使われていたことも判明した。取材を始めて1年もしないうちに、２００人超の局長が社内処分を受けた。少なくとも２０１９年の「60万票」という金字塔は、一定数の不正行為によってかさ上げされていた疑いが濃厚だ。

だが、この程度の不祥事でめげる組織でもなかった。

局長会は私の取材に、不正などないとウソをついたままダンマリを決め込んだ。顧客情報の流用を指南した幹部らは調査もされず、正直に打ち明けた現場の社員に責任をなすりつけた。顧客情報や会社経費を流用するハードルが上がり、参院選に向けた活動は数カ月にわたって休止を強いられたが、それでも2022年に局長会が擁立した候補は41万票を獲得し、当選ラインを悠々と超えた。前回より得票を減らし、トップ当選の座を著名な漫画家に明け渡したものの、職域団体としては圧倒的な集票力を改めて見せつけた。強さの秘密は不正だけではなかったのだ。

全国で数十万票を安定的に集める力の源泉はどこにあるのか。目を凝らすと浮かぶのは、組織の「動員力」と「集金力」である。

局長会には、全国津々浦々に配された1・8万人超の会員を無償でフル稼働させる力がある。選挙には配偶者も動員し、必要とあらば会社の幹部や郵便局のスタッフも動かす。

会員1人につき毎年20万円超の費用負担を強いることで、毎年数十億円の局長マネーが泉のようにわき出る。その一部は組織に協力的な政治家にも注ぎ込まれる。

現役世代の人員を安定的に確保し、そこから潤沢な資金を吸い上げるための「システム」。それが局長会特有の強みであり、決して知られたくない組織の秘密でもある。

これほど都合のいいシステムがいかに築かれ、どのように維持されてきたか。内実を知るには、数奇な歴史をたどる必要がある。

目的を見失った組織運営

組織のルーツは明治初期の郵政創業時、資金の乏しい政府に代わり、地方の名士らが自宅などを提供して敷いた郵便局網にさかのぼる。小規模局が中心で、民営化前は「特定郵便局」と呼ばれた。

コンビニのフランチャイズ方式のようにスタートしたことから、当初の局長組織は営業ノウハウを共有し、厳しい郵便局経営を連携して改善することが主眼だった。

戦後、労働組合から特権を厳しく批判され、政治へ傾倒していく。局長ポストと局舎を子や孫に引き継ぐ「世襲」を維持し、利権を拡大することが主目的に置き換わった。政治家や官僚との結びつきを強め、戦後最年少（当時）で郵政大臣となった田中角栄の後ろ盾を得たことで一気に開花。経済成長期に局数も増やして隆盛を極めた。

日本経済のバブルが崩壊し、行政改革が進むと、「国家公務員であり続けること」をめざし、民営化の要請には徹底的に抗った。郵政改革を推し進めた小泉純一郎に押し切られたが、逆境は組織の結束を強くする。小泉退陣後に民営化の針を押し戻し、郵便局が公共的な存在だと国会でわざわざ認めさせ、局数を決して減らさぬよう法律で規定することに奔走した。新たな目標のためにも、得票を稼いで政治的な影響力を保つことは必定だった。

だが、2012年に郵政民営化法の改正を実現し、第2次安倍政権で自民党との復縁を果たしたあたりから、組織の目的は漂流を始める。

絶対的な目標に掲げるのは、参院選の得票数の積み増し、局長が自ら保有する局舎数の維持・拡大、局長の転勤阻止、そして局長会の意に沿う会社人事の実権を決して手放さないことだ。どれも組織力の強化や維持につながるのは間違いないが、では、何のために組織力を必要としているのか。

民営化以前は、既得権益を守るという明確な目的があった。そのための手段として組織力や政治力が渇望された。だが、局長が局舎を持って相場より割高な賃料を得るのは、民営化で難しくなった。世襲で局長ポストを継ぐ者が減り、社員から登用する割合が増えた。会員個人が局長として享受するうまみが消える一方で、人事や予算で強い権限を与えられる一握りの幹部だけが利権を貪るようになった。よもや幹部の利得のために組織力を維持するのだとは口が裂けても言えず、「地域のため」「郵政事業のため」という抽象的な理念でごまかすようになった。

目的を見失った組織は、外部との接点や情報発信を減らし、内向きの権力志向を強めた。組織内で認められて出世すれば恩恵にあずかれる一方、組織の意に背けば痛い目に遭わせる。恫喝や脅迫と甘言や賞美を織り交ぜた恐怖支配によって〝同一認識・同一行動〟を押しつけることでしか、組織を統率できなくなった。世間から断絶された異空間で、前近代的で非常識な組織風土が膨張を重ねた。だが、それもいよいよ臨界点を迎えようとしている。人手と金品の「供給源」となる会社の経営が、行き詰まりつつあるためだ。

「郵便局破綻」のカウントダウン

2007年の郵政民営化は、今から思えば、腐敗が蔓延していた組織を立て直す千載一遇のチャンスだった。

現代社会の常識を採り入れ、不正や人権侵害を許さず、郵政事業の再建に正面から向き合っていれば、新しい景色が広がっていたに違いない。国民や利用者、投資家からも共感される企業体に生まれ変わる道が拓けたのではないか。そう信じて仕事に励んだ幹部や社員は少なからず確かにいたのだ。

だが、局長会は別の道を選んだ。目先の利権と幹部らの保身を優先し、民間から招いた経営者の足を引っぱり、不正や人権侵害抜きには通らない非常識な慣習や伝統を聖域にして温存させた。顧客を巻き込んだ選挙活動や制度改正に没入し、最も大事なサービスの改善や事業価値の向上からは目を背けた。当然の帰結として窓口から客足が遠のき、国民の関心は薄れ、事業の象徴だった郵便局は死の淵へと少しずつ追いやられている。

民営化して十数年の歳月を浪費した末に、待ち受けるのは茨の道でしかない。

日本郵政グループは、祖業の郵便サービスがゆうちょ・かんぽの金融2社と合わせて巨額を捻出し、老朽化する2万4千局の「窓口」を必死で維持する経営構造になっている。主要事業はどれも先細りで、コストを削って利益を絞り出す経営が漫然と続く。グループ全体が郵便局の巻き添えになって行き詰まる「破綻」のカウントダウンは、いまも時を刻んでいる。

この状態を維持しながら延命を図るには、郵便局を使わない国民にもコスト負担を払わせる必要がある。2019年には年200億円規模の税金払いを免れる制度をひそかに構築したが、事業がしぼむスピードに追いつくには端金に過ぎない。もっと多額の負担を、だましだまし引き出す挑戦がこれから本格化する。

しかし、野放図な延命は「負の遺産」となり、将来世代にツケを回すことになる。さらなるコストを負わされる前に、私たち自身が郵便局の内実と経営が行き詰まる真因を理解し、その行く末に「審判」を下すべきだ。

いざ世間の関心が注がれたとき、郵便局という窓口は、重たいコストを受け入れてでも「必要な存在」として支持されるのか。それとも「無用の存在」として郵便サービスや金融事業と切り離され、統廃合を迫られるのか。うわべのイメージでなく、事実に基づいた真っ当な判断がなされるためにも、局長組織の実態をきちんと記録しなければならない。そう考えて、本書を書ききることにした。

これまでベールに包まれてきた局長会の活動実態を内部資料や証言をもとに明らかにし、組織運営と会社経営の矛盾や限界を検証していく。

＊　　＊　　＊

第一部では、局長会が会社の顧客データや物品経費を選挙に流用していた実態から、不正が蔓延る(はびこる)根本原因に迫る。不正の証拠が出ても調査を拒む日本郵便のガバナンス不全が、身内に利得を融通する不正や多額の詐欺犯罪の温床になっている。

第二部では、150年を超える郵便事業の歴史を通して、歪んだ局長史観が形作られてきた軌跡をたどる。先人から受け継がれる教本や郵政民営化法の変遷をひもときながら、元来の目的が形骸化し、組織に腐敗が広まった経緯を振り返る。

第三部では、音声データに記録された凄絶なパワハラ事件を詳報し、権力の源泉となる「人事」と「カネ」の構造を解き明かす。目的を見失った組織が力で統制を保つ限界が浮かぶ。

第四部では、世間から遠ざかり、存在意義も薄れていく郵便局の実情を報告し、組織と郵便局の行く末を探る――。

郵便局の存続に強い思いを抱くはずの集団が、自ら死期を早めている構図はじつに皮肉だ。

しかし、これは社会の構造変化への適応や順応が遅れる他の業界や企業にも当てはまる。目先の利得に目を奪われ、改革を先送りしていると、結果として多大な損失をもたらしかねない。

この報告が郵便局の行方を考える材料となるだけでなく、有意義な営みが息長く社会に貢献できるように、組織のあり方を見つめ直す一助になれば幸いである。

※登場人物の敬称は略し、肩書や年齢は取材や記述内容当時の時節に合わせた。組織を表す一般的な呼称として「郵便局長会」または「局長会」を用い、中央組織を指すときに「全国郵便局長会」や通称の「全特」を使うこととする。議事録などの引用は読みやすさを優先し、趣旨が変わらない範囲で略したり修正したりした部分もある。引用文の（　）は原文どおりで、筆者の注釈は〈　〉で加えた。

郵便局の裏組織——目次

第一部

暴走

郵便局長会が2019年の参議院選挙で打ち立てた「60万票」という輝かしい記録の裏で、顧客情報や会社経費を流用する不正が横行していた。郵便局の利用者を物色し、取り込みやすそうな客に狙いを定め、3年かけて投票を促していく勧誘活動が組織的に行われていた。

日本郵便は不正の証拠を突きつけられても、現場の局長に形ばかりの処分を下してコトを済ませ、不正の指示や根本原因である組織活動にメスを入れることは拒絶した。顧客の利益より局長会の利権を優先し、ガバナンス機能の不全を改めて見せつけた。不正を指南した局長会幹部らも何事もないかのようにやり過ごし、現場の局長に責任をなすりつけた。

郵便局舎を局長に持たせて利得を横流しするため、取締役会や地域住民にまでウソをつく実態も浮かび上がった。顧客から多額のお金をだまし取る詐欺や横領など、局長の暴走はとどまるところを知らない。

第一章　お客さま＝選挙の票

30代の女性宅を突撃訪問

面識のないスーツ姿の男が、玄関前に一人で立っていた。

兵庫県で家族と暮らす30代の女性が２０２０年末、自宅のインターホンを鳴らされ、扉を開けたときのことだ。[*1]

「郵便局長です」

50代に見える男はそう名乗り、１冊のカレンダーを手渡してきた。タイトルは「郵便局長の見つけた日本の風景」。女性が受け取ると、男は「いつも郵便局をご利用いただき、ありがとうございます」と言って去っていく。わずか数分のやりとり。女性にとっては初めての体験だ。

心当たりはあった。

数週間前、仕事で使うレターパックの封筒を郵便局で大量に買い入れた。最初に出向いたときは在庫がなく、注文して後日また足を運んだ際、窓口に座る女性局員から「お礼にカレンダーを送ってもよろしいでしょうか」と聞かれていた。

2020年末に配られたカレンダー
「郵便局長の見つけた日本の風景」

軽い気持ちで「それなら、ぜひ」と応じた。真っ白なメモ帳を差し出され、自分の住所と名前を書いて教えた。てっきり自宅にカレンダーが郵送されるのかと思っていた。

会ったこともない局長がいきなり自宅にやってきたのには驚いたが、そのときはまだ「丁寧な顧客サービスの一環」と受け止めた。カレンダーは、全国の局長が撮影したという風景写真で構成されている。女性にとってはお気に入りの一冊となり、翌年に自宅で愛用していた。

だが、局長がカレンダーをわざわざ手渡しにやってくるのは、ただの顧客サービスではない。この女性に狙いを定めた本当の目的は、別にある。その答えを明かす前に、まずは局長の「裏の顔」を見ていこう。

ショッピングセンターに集結するスーツ姿の男たち

初夏の陽光に包まれた2019年5月、潮の香りが漂う大型ショッピングセンター。田舎ではありふれた広大な駐車場の一角に、郵便局長となって数年の吉田一郎（仮名）が車を停めた。*2 週末の昼下がり。黒や紺のスーツを身にまとった男たちが、自家用車で集結している。参議院選挙を控えた初春から初夏にかけて、週1ペースで繰り返されるおなじみの光景だ。

集まったのは、局長会の下部組織である「部会」の構成メンバー。買い物なんかに来たわけではもちろんない。

10人ほどの局長を束ねる部会長の呼びかけで、メンバーが一人も欠けず来ていることを確認してから、2人1組で車に分乗して散っていく。ペアで向かう先は、郵便局長会が擁立した候補者に投票してくれそうな後援会会員のもとだ。

局長たちには選挙の年の春までに、1人につき数十世帯で約100人分の後援会会員を集めることがノルマとして課されていた。そうして作られた名簿には、地元に残る親戚や友人・知人に加え、顧客である郵便局の利用者の名前も記されている。

局長2人分の名簿には、合わせて100世帯以上が連なる。その全戸を数カ月かけてペアで訪問し、あいさつする傍ら候補者のビラを手渡して回ることが、組織で取り決められた重要施策だった。

　吉田の部会では、土日のどちらか1日の数時間を訪問活動にあてていた。効率が悪くても、メンバー全員を集め、ペアで双方の会員を回らせる。活動をサボりにくくするのが目的で、訪問活動を終えたあとも、ショッピングセンターの駐車場でその日の活動実績を確認し合う。

　吉田はペアの局長とともに、支援者宅の近くまで車で乗り付け、呼び鈴を鳴らす。アポなしだ。在宅なら「局長です。今回もよろしくお願いしますね」と声をかけ、候補者の写真と名前が入ったビラを渡す。せいぜい1分か2分の顔合わせ。相手が不在なら、後日また出直す先が一つ増える。

　公職選挙法では、戸別訪問で選挙の投票を依頼したり、候補者名を宣伝したりすることが禁じられている。選挙の期間以外に、候補者名を挙げて投票を依頼することもご法度だ。だが、知人だけを訪ねて回る「個別訪問」で、はっきりと投票の依頼をしていなければセーフになると、局長会では教えている。

　訪問される相手にすれば、スーツ姿の男2人が休日の昼下がり、アポなしでやってくる。見知った局長がいるとしても、奇妙な光景だ。自覚はしつつ、吉田は指示どおりの訪問活動を週末ごとにこなす。長いものに巻かれて口をつぐむことが、組織で生きていくために必要な所作だと思うからだ。

「表」と「裏」の2種類のスケジュール表

吉田は高校を出て、すぐに郵便局へ就職した。大学の学費を捻出するのもままならない家庭で、「安定した公務員にでも」と門を叩いた。

現場で営業をそつなくこなし、地元の郵便局での几帳面な仕事ぶりを局長に気に入られ、「自分の後を継がないか」と誘われた。

局長に就くとすぐ、上司にあたる部会長の局長から指示され、平日に年休を取って隣県にあるホテルの宴会場へ出向いた。任意団体である地方郵便局長会が主催する「新任局長研修」だ。すこし前に日本郵便の支社主催の「新任局長研修」を受けたばかり。局長会主催の研修では、日本郵便の支社長も出席する前で、局長会幹部の局長らが代わる代わるあいさつに立ち、「政治活動」の重要性を何度も唱えた。

研修が終わると、別室で分厚い書類を渡され、流れ作業のように名前を書かされた。中央から地方に至る各局長会の入会申込書、会費を引き落とすための銀行振替伝票があり、他は詳しく覚えていない。未知の世界で多くの書類作成を短時間に迫られ、詳しい内容も確認せず、言われるまま署名した記憶があるだけだ。

局長になってからは、会社のパソコンに2種類の指示文書やスケジュール表が届くようになった。一つは「表」、もう一つは「裏」と呼ばれた。日本郵便という「表」の会社のほかに、局長会という「裏」の組織による指示系統が別に機能していることをのみ込むまでに、やや時間がかかった。

業務である「表」のスケジュール表とともに、土日や夜間の活動が中心の「裏」のスケジュール表も、会社のネットワーク上のフォルダーで同じように共有された。局長会が注力する政治活動はもちろん、年に1度の新年会や忘年会、懇親のための旅行やソフトボール、飲み会といった行事が毎月のように入ってくる。

行事への参加の有無は、「○」「×」の一覧で表示される。○の多さが、局長会への忠誠心や貢献度を表す指標となる。行事に参加しない「×」をつけるには、備考欄に理由を書き入れるのが決まり。吉田が見てきた限り、親族の葬式でもなければ、欠席は受け入れてもらえない。

ある日の会合で、子どもの学校の卒業式を理由に行事を休もうとした先輩局長が、地区会の役員から「そんな理由で欠席なんかあり得ないよ」と締め上げられ、「×」を「○」に変えさせられたことがあった。それで吉田自身も地区会総会と子どもの卒業式が重なったことを言い出せなくなり、泣く泣く卒業式のほうを諦めた。

局長同士の飲み会は一次会の居酒屋に続き、二次会でスナックをはしごして午前様になるのが恒例だ。上役の局長に媚びへつらうだけの「飲みニケーション」。断ると「俺らと飲めないのか」「付き合いが悪い」となじられた。

世間の常識とのあまりの乖離に、当初はおかしいと思えば口にしていた。仕事の能力より世襲局長が優遇される人事にも不満が募り、部会で声を上げたこともある。だが、周囲の局長は「気持ちはわかる」「いまはまだ無理」となだめるばかり。自分の声が部会の外へ届くことはなく、肩身がただ狭くなるだけだった。

「表」の仕事ができなくても文句は言われないが、「裏」の仕事で結果を出せないと「表」の評価も下がる。「裏」の仕事で最も重視されるのが、選挙だった。

初選挙で「ノルマ80人」の支援者づくり

局長会にとっての主戦場は、3年に1度の参議院選挙だ。小選挙区で1人しか当選しない衆院選とは違い、業界団体が全国で積み上げる比例区の得票でしのぎを削る。

吉田が局長となって最初に迎えた選挙が、第1次安倍政権発足後の２０１３年夏の参院選だった。前年まで民主党を支援していた局長会が急旋回して自民党と復縁し、元全特会長の柘植芳文が初の会長出身者として出馬していた。

新米の吉田は前任の局長から、30～40人程度の名前が記された名簿を「代々引き継ぐもんやから」とぽんと手渡された。以前の選挙で後援会名簿として使ったものらしい。

だが、地区会による選挙活動の研修では、局長1人につき80人分の後援会名簿を作成して提出するよう求められた。組織の要求どおりなら、名簿の人数を2倍以上に増やす必要がある。

生まれ育った地域で局長となった吉田には、親戚や友人が地元に残っていた。親しい相手なら、入会申込書を代筆した。電話一つで入会を了承してくれる友人もいる。ただ、それだけでは数が足りず、おのずと郵便局の利用者である顧客にも目を向けた。顔見知りの顧客に入会を頼むことに当初は気まずさを覚えたが、少なくとも前任の名簿に載る人たちは慣れた様子で申込書を書いてくれた。

それでも2013年の選挙は振るわず、吉田が属する地区会で受け持つエリアの得票は、1局あたり10票台と全国平均に満たなかった。支援者数と得票数の差が大きいことを問題視され、次の選挙ではノルマとなる名簿の数が増え、訪問活動はペアで組織的に展開することを強いられるようになった。

選挙が終わっても休む暇はなく、次の選挙に向けたノルマが次々と立ち上がる。選挙のお礼として支援者に暑中見舞いを送り、年末年始には年賀状を差し出す傍ら、当選議員の国政報告も配って歩く。

活動実績は社内メールで政治担当役員らに報告し、会社のパソコンで作成した名簿は社内ネットワークの共有フォルダーで管理した。チラシや後援会の入会申込書などの郵送料も、会社の経費で賄っていた。備品や経費の私物化は、２０２１年に注意されるまで続けた。

支援者の数を増やすには、結局、顧客を開拓するほかない。窓口でお人好しとわかる客、自営で商売を営む人、自宅に自民党議員のポスターが貼ってある家などに狙いを定めた。窓口に座る局員からも情報を集め、休日や夜間に呼び鈴を押して回る日々が続いた。

衆院選や地方の首長選についても、地区会から細かな指示が飛ぶ。集会や講演会で動員がかかり、投票先を指定されることも。他の選挙に協力するのは無論、参院選での見返りを求めるためだ。

参院選の公示期間中は、部会や地区会レベルで「電話作戦」を展開する。地元の空き店舗を探し、臨時の電話回線を引き、局長がローテーションで数人ずつ入る。平日もお構いなしに当番に合わせて有休を消化。各自が集めた名簿に1軒ずつ電話し、投票を呼びかけていく。局長夫人会に強制加入させられた妻も、電話作戦の頭数に入っている。共働きの妻に代わって2人分の当番を引き受ける局長もいた。

選挙が終われば、各地の地方組織が祝賀会を開き、平均得票数の高い地区会が表彰されてもてはやされる。対照的に、成績の悪い地区会は〝反省〟という名のもとに厳しく詰められ、さらに高い目標を掲げさせられる。終わりのない無限ループだ。

「選挙は結果がすべて」

「選挙は結果がすべて。結果を出さずに論評しても意味がない。（投票箱の）フタが開いているうちに何かあれば言わなければダメ。フタがしまってから言ってもまったく意味がない」

　2020年2月26日、東京・六本木の全特ビルで開かれた全特の政治問題専門委員会。全特副会長の長谷川英晴（ひではる）（関東地方会会長）が前日に会った自民党幹事長の二階俊博から聞いたという言葉を披瀝し、こう続けた。[*3]

「まったく同感である。選挙が終わった後に、実はこうだった等の話をよく聞くと思うが、意味がない。この基本理念をしっかり会員に植え付けてほしい。営業は1年で結果を変えられるが、参院選は3年待たないと変えられない。この1年、2年でやることをやり、しっかり準備しておけば、次回の戦いでは今回よりも苦労をしないで前回以上の結果を出すことは可能だ」

　この日の会合では、各地方会に対し、2年後の参院選までのスケジュール案を秋までに提出させる方針を決めた。スケジュールとは、名簿づくりに励む時期やカレンダーの配布時期、年賀状や暑中見舞いを送る活動日程などを指す。

　理事だった遠藤一朗（いちろう）（東海地方会会長）も同じころ、全国の主要な部会長を集めた会議で、都市部の得票が少ないことを問題視しながら、次の選挙に向けた活動に早く取りかかるよう求めていた。[*4]

「1局あたり50票を出すためには、候補者が決まってから活動しているようではもう遅い。すでに6カ月が過ぎてしまったので、今から始めてください」

遠藤は票集めの〝極意〟を、こう説いていた。

「まずは自民党支持者かそうでないかで分ける。そのあと医師会とか農協とか土地改良に関係していないかどうか。要は、自民党支持者だけど、いつも誰を書くか決めていないという人を、20カ月くらいかけて1カ月に3人も探せば60人できる。下手な鉄砲を数撃っても当たらない。自民党支持者かどうか、政治団体に関心があるかどうか。それをやっていけば、ターゲットが決まる」

果たして都市部で通用するかは不明だが、気にする様子はない。

「半年は休んだので、いまから動けば、そんなに格差は出ない。前回選挙で中国や関東がものすごく票を出したが、ものすごいことをやったから出た。やらなければ絶対に出ない。ぜひ頑張ってほしい」

続く2020年5月の全特総会で、末武晃（中国地方会会長）が副会長から会長に昇格して新体制が発足。「数」にこだわる色彩は、さらに強まっていく。

6月10日の政治問題専門委員会理事会に出席した末武は、2016年に当選した徳茂雅之、

２０１９年の柘植芳文（つげよしふみ）の各選挙を引き合いに、さっそくハードルを上げてきた[*5]。

「徳茂選挙、柘植選挙の流れを次の参議院選挙でもう一歩前へ進め、今のラインは確実にクリアし、今以下になるようなことはないようにしたい」

２０１９年に獲得した「60万票」から、さらに票を上積みすることを目標に掲げたということだ。末武が続ける。

「やはりトップが絶対にやるという姿勢を見せないと、動いてはもらえない。各地方会長、そして各地区会長が、トップがしっかりと旗を振るという思いで取り組んでいただければ、必ずや前回以上の結果がついてくる」

理事の遠藤も同じ席で、発破をかけた。

「得票数の獲得については、いろいろな意見を聞く。そうは言っても、我々の政治課題の解決という目的を実現し、世の中を動かしていくためには数が必要で、数を確保するためには努力していただく必要もあることをしっかりと会員の腹に落としていただかなければならない」

「この活動は、自分たちのためではなく、顧客・地域のお客さまのための闘いなのだということをしっかり再認識して、次期参議院選挙に向かって取り組んでまいりたい。地方会があまり怯むことのないように、前回よりも一つ二つではなく、三つ四つは成績が良くなるように回していきたい」

全特首脳陣の「数ありき」は、各地の地方会や地区会を通じて現場へと下りていった。

名簿は選挙の「命」

「後援会（支援者）名簿は、選挙においては『命』である」

こんな一文が記されていたのは、中国地方会が２０２２年の参院選に向けた活動方針をまとめた文書「中特の令和4年参議院選挙に向けた目標・取組」だ。[*6] 全特会長の末武晃が率いる地方組織で、約１７００人の局長が属する。

文書は広島駅近くの会議室で２０２０年11月18日午後、末武を含む中国地方会幹部約40人が集結した拡大政治問題協議会で取りまとめられた。

中国地方会はこのとき、２０２２年の参院選で局長1人につき「35票以上」を目標としつつ、前回選挙で35票に届かなかった地区会には「40票以上」の目標を掲げるよう迫り、地区会役員に一人ずつ宣誓までさせていた。その結果、中国地方会の各地区が目指す1局平均得票は40～90票となり、そのために獲得すべき後援会入会は90～１５０世帯、１２０～２００人と設定された。

文書は、こう続く。

「現行化（精査）の徹底が重要で、支援者との面識があることも重要。投票、かもめーる、カレンダーの配布、年賀状等、我々の全ての基礎となるため、後援会立ち上げまでに作成する」

名簿の「現行化」とは、前回選挙で使った後援会名簿を、3年後の選挙で使えるように洗い直す作業だ。選挙のたびに候補者は変わるため、後援会への入会手続きも改めて頼むことになる。亡くなった人や転居した人がいれば、名簿から落とす。後援会を立ち上げるまでの間は、名簿は後援会入会を働きかける対象となる「支援者名簿」と呼ばれる。

名簿の現行化で減った分の人数をいかに取り戻し、さらには前回を上回るにはどうするか。支援者を増やすための「最重要取組」として、文書にはこう列挙されている。

・窓口来訪者の記録（社員の協力も願う）
・会員自らが窓口に出て、積極的に声掛け（雑談を含む）を行う
・局周活動の積極的展開
・日頃からアンテナを高く情報キャッチ（支援者名簿の方々の訃報、入院等）

局長が親戚や友人だけではノルマを達成できないことは、地方会幹部らも認識していた。数を稼ぐには、郵便局の顧客を物色するしかなかったのだ。

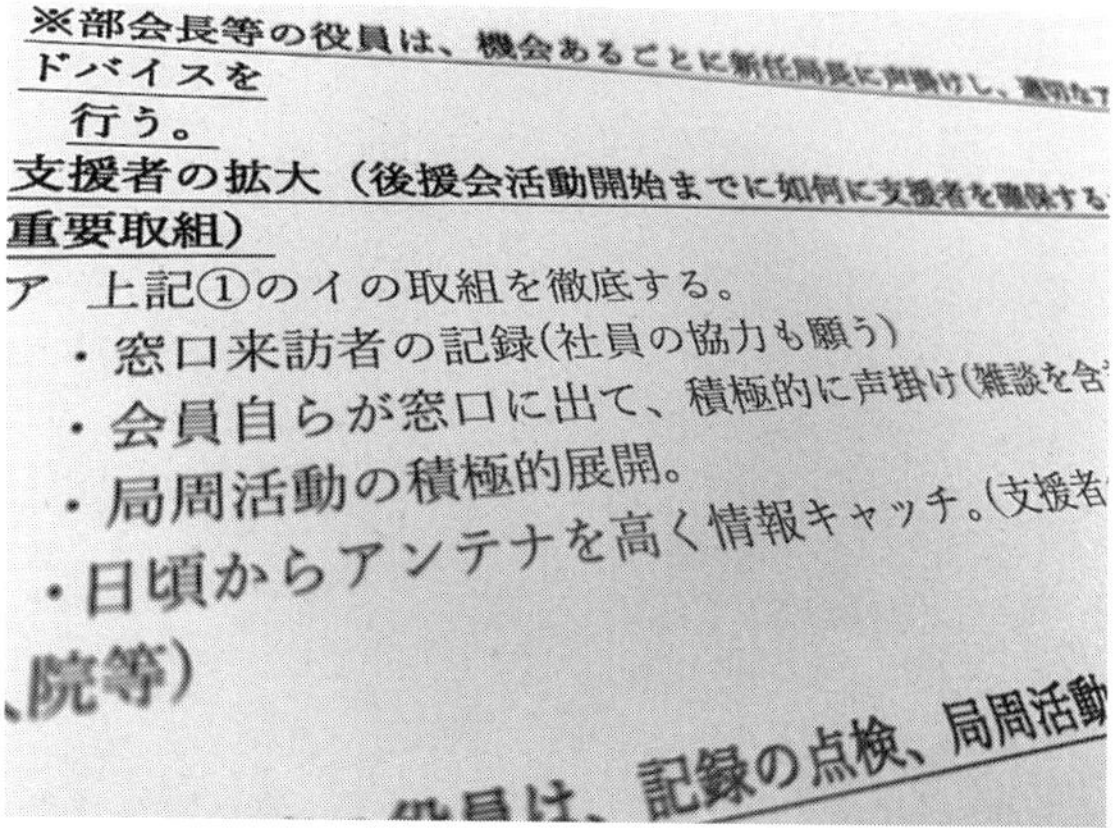

※部会長等の役員は、機会あるごとに新任局長に声掛けし、適切なア
ドバイスを
行う。
支援者の拡大（後援会活動開始までに如何に支援者を確保する
重要取組）
ア　上記①のイの取組を徹底する。
・窓口来訪者の記録（社員の協力も願う）
・会員自らが窓口に出て、積極的に声掛け（雑談を含
・局周活動の積極的展開。
・日頃からアンテナを高く情報キャッチ。（支援者
、院等）
役員は、記録の点検、局周活動

参院選に向けた「窓口来訪者の記録」を指示した
中国地方郵便局長会の内部資料

そこで局長が窓口で自ら接客し、客の情報を集める。自宅への訪問などの「局周活動」でも、信頼関係を築く。その間は政治的な意図を押し隠し、あくまで「郵便局長」という表の顔で距離を縮め、選挙に協力してくれそうな相手かどうかを見極める。宗教団体が身分を隠し、アンケートや営業を装って信者の獲得を狙うようなものだ。

文書は、郵便局の経費で買われたカレンダーの配布にも言及していた。「郵便局長としてお客さま宅を訪問できる施策」であり、「信頼関係構築のための重要な取組で、ペア訪問での配布を徹底」するよう求めている。そのうえで「窓口カウンターで『自由にお持ち帰りください』は、絶対あってはならない」としている。会社のカネでカレンダーを配れる役得を、後援会会員の獲得にフル活用する意欲がみなぎっている。

カレンダーの配布数や年賀状などの発送数は翌年1月末までに、地区会役員を通じて地方会に報告させ、さらに中央組織が集約する。「数」にこだわるのは当然、中央組織の姿勢を映したものだ。

顧客の投票行動をA～Cでランク付け

約2800人の局長が所属する近畿地方会は2020年夏、2年後の参院選に向けて「1人80世帯以上」の支援者づくりを「絶対目標」に掲げていた。[*7]
だが、前回参院選で集めた後援会名簿でさえ、「80世帯」の水準には届かない局長が多い。そこで近畿地方会も、郵便局ロビーでの顧客の物色を推し進めることにした。文字どおりの〝ロビー活動〟と名付けられた。
近畿地方会が定めた活動方針では、2020年9～11月に「局長がロビーに出る」「お客さまの名前を呼んで対応する」という〝ロビー活動〟により、「1週間3人」の新たな支援者を獲得するよう求めていた。[*8] 見つけた支援者の個人情報は名簿に記録し、年末に訪問してカレンダーを手渡すよう指示されていた。

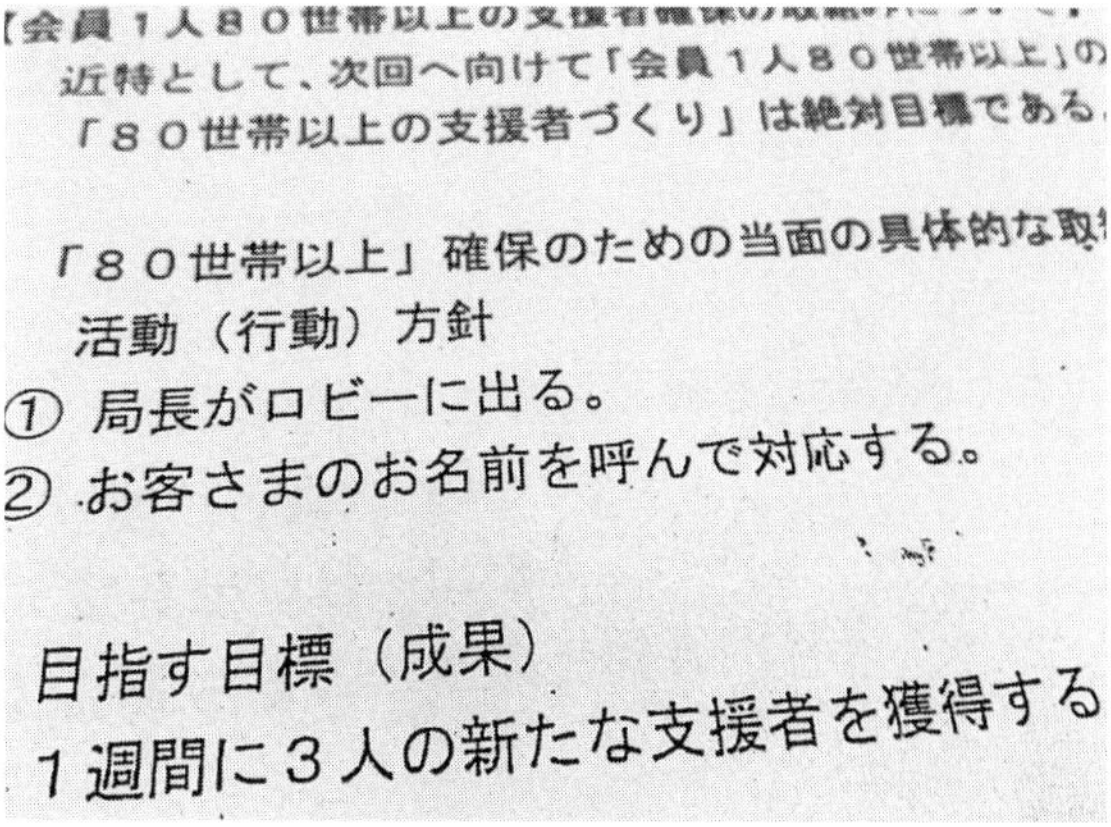

【会員1人80世帯以上の支援者確保の

近特として、次回へ向けて「会員1人80世帯以上」の

「80世帯以上の支援者づくり」は絶対目標である。

「80世帯以上」確保のための当面の具体的な取

活動（行動）方針

① 局長がロビーに出る。

② お客さまのお名前を呼んで対応する。

目指す目標（成果）

1週間に3人の新たな支援者を獲得する

「1週間3人の支援者獲得」を目標に据えた
近畿地方郵便局長会の内部資料

地方会の会員には、顧客らの名前を記録する名簿として共通のエクセルファイルが配られていた[*9]。地方会内の局長に作らせた、通称「カレンダーお届け先リスト」。人気アニメ「鬼滅の刃」を模した市松模様の解説動画では、竈門炭治郎や妹の禰豆子らの〝住所〟を例示して名簿の使い方が教えられている[*10]。

名簿には、カレンダーを配る相手の名前や住所、同居人名とあわせて、A～Cの3段階で参院選の投票行動を予想してランク付けする欄もある。Aの基準は「必ず投票に行き、氏名を書いてくれると確信を持てる人」だ。「氏名」とは言うまでもなく、参院選で擁立する組織内候補を指す。

カレンダー配布先との「関係」を記す欄には、親族や友人・知人のほかに、「お客さま・ロビ

一名簿説明動画

「カレンダーお届け先リスト」の使い方を解説する動画

ー活動で対象になった方」の選択肢がある。ロビーで狙いを定めた顧客の個人情報を記し、営業を装ってカレンダーを渡す傍ら、徐々に距離を縮めてランク付けする狙いだったのだ。

エクセルで「カレンダーお届け先リスト」と書かれたタイトル欄をクリックすると、プルダウンで「支援者名簿」「後援会名簿」へとワンタッチで切り替えられる機能付き。「三様式統一名簿」とも呼ばれていた。

ファイルに記入した個人情報は、別シート「２０２２電話リスト」「２０２２訪問リスト」にも自動的に反映される。電話や訪問などの後援会活動に使うものだ。ノルマで課される年賀状などの発送に活用するため、はがきの宛名印刷ができる機能も備えていた。

冒頭で紹介した兵庫県の30代女性も、例外で

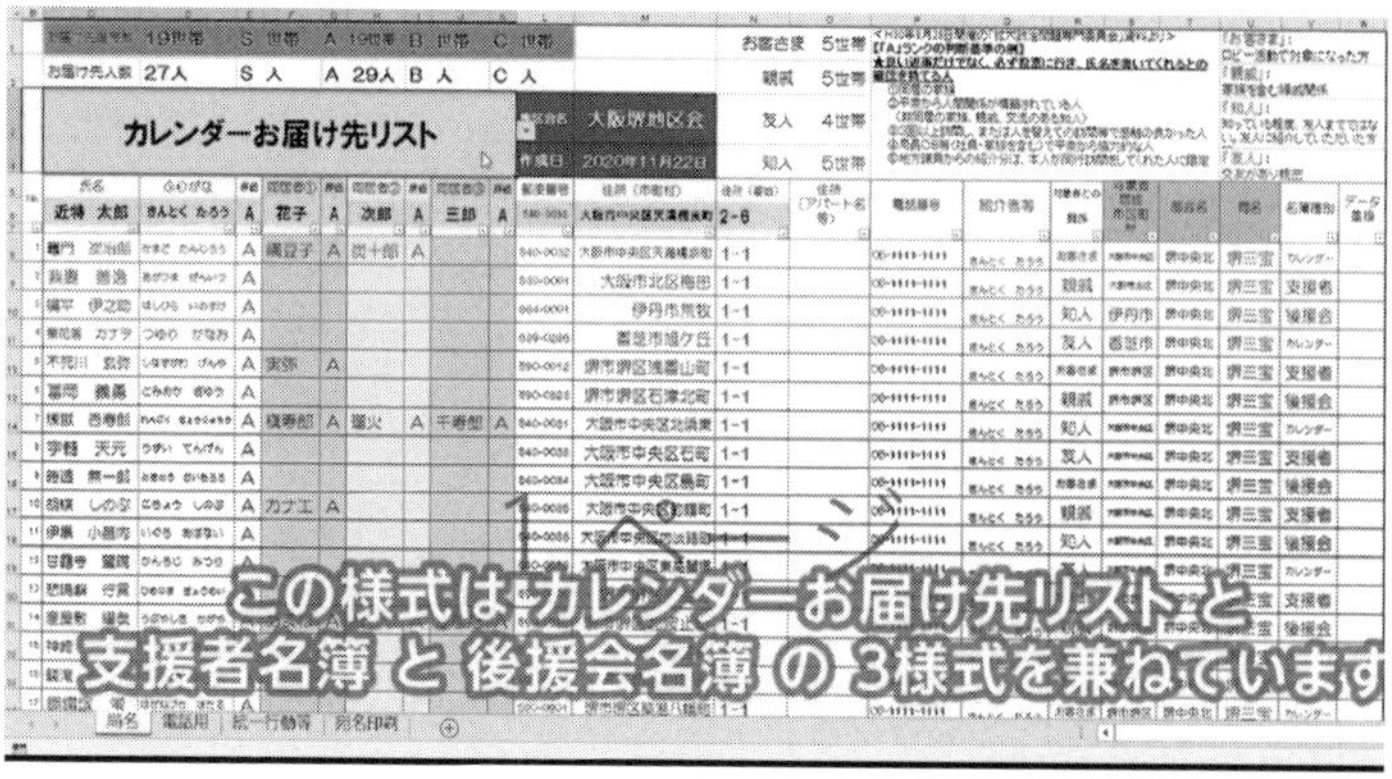

対象世帯	19世帯	S 世帯	A 19世帯	B 世帯	C 世帯	お客さま 5世帯
お届け先人数	27人	S 人	A 29人	B 人	C 人	親戚 5世帯
カレンダーお届け先リスト				部会名 大阪堺地区会		友人 4世帯
				作成日 2020年11月22日		知人 5世帯

【「A」ランクの判断基準の例】

No.	氏名	ふりがな	評価	同居者①	評価	同居者②	評価	同居者③	評価	郵便番号	住所（市町村）	住所（番地）	住所（アパート名等）	電話番号	紹介者等	対象者との関係	対象者 市区町村	部会名	局名	名簿種別	データ重複
	近畿 太郎	きんとく たろう	A	花子	A	次郎	A	三郎	A	[illegible]	大阪市中央区天満橋京町	2-6									
1	竈門 炭治郎	かまど たんじろう	A	禰豆子	A	炭十郎	A			540-0032	大阪市中央区天満橋京町	1-1		06-1111-1111	きんとく たろう	お客さま	大阪市中央区	堺中央北	堺三宝	カレンダー	
2	我妻 善逸	あがつま ぜんいつ	A							530-0001	大阪市北区梅田	1-1		06-1111-1111	きんとく たろう	親戚	大阪市北区	堺中央北	堺三宝	支援者	
3	嘴平 伊之助	はしびら いのすけ	A							664-0001	伊丹市荒牧	1-1		06-1111-1111	きんとく たろう	知人	伊丹市	堺中央北	堺三宝	後援会	
4	栗花落 カナヲ	つゆり かなを	A							[illegible]	香芝市旭ケ丘	1-1		06-1111-1111	きんとく たろう	友人	香芝市	堺中央北	堺三宝	カレンダー	
5	不死川 玄弥	しなずがわ げんや	A	実弥	A					590-0012	堺市堺区浅香山町	1-1		06-1111-1111	きんとく たろう	お客さま	堺市堺区	堺中央北	堺三宝	支援者	
6	冨岡 義勇	とみおか ぎゆう	A							[illegible]	堺市堺区石津北町	1-1		06-1111-1111	きんとく たろう	親戚	堺市堺区	堺中央北	堺三宝	後援会	
7	煉獄 杏寿郎	れんごく きょうじゅろう	A	槇寿郎	A	瑠火	A	千寿郎	A	540-0031	大阪市中央区北浜東	1-1		06-1111-1111	きんとく たろう	知人	大阪市中央区	堺中央北	堺三宝	カレンダー	
8	宇髄 天元	うずい てんげん	A							[illegible]	大阪市中央区石町	1-1		06-1111-1111	きんとく たろう	友人	大阪市中央区	堺中央北	堺三宝	支援者	
9	時透 無一郎	ときとう むいちろう	A							[illegible]	大阪市中央区島町	1-1		06-1111-1111	きんとく たろう	お客さま	大阪市中央区	堺中央北	堺三宝	後援会	
10	胡蝶 しのぶ	こちょう しのぶ	A	カナエ	A					[illegible]	大阪市中央区釣鐘町	1-1		06-1111-1111	きんとく たろう	親戚	大阪市中央区	堺中央北	堺三宝	支援者	
11	伊黒 小芭内	いぐろ おばない	A							[illegible]	[illegible]	[illegible]		06-1111-1111	きんとく たろう	知人	[illegible]	堺中央北	堺三宝	後援会	
12	甘露寺 蜜璃	かんろじ みつり	[illegible]							[illegible]	[illegible]	[illegible]		[illegible]	[illegible]	知人	[illegible]	堺中央北	堺三宝	カレンダー	
13	悲鳴嶼 行冥	ひめじま ぎょうめい	[illegible]							[illegible]	[illegible]	[illegible]		[illegible]	[illegible]	[illegible]	[illegible]	[illegible]	堺三宝	支援者	
14	産屋敷 耀哉	うぶやしき かがや	[illegible]							[illegible]	[illegible]	1-1		[illegible]	[illegible]	[illegible]	[illegible]	[illegible]	堺三宝	後援会	
15	[illegible]	[illegible]	[illegible]							[illegible]	[illegible]	[illegible]		[illegible]	[illegible]	[illegible]	[illegible]	[illegible]	[illegible]	[illegible]	
16	[illegible]	[illegible]	[illegible]							[illegible]	[illegible]	[illegible]		[illegible]	[illegible]	[illegible]	[illegible]	[illegible]	[illegible]	[illegible]	
17	鋼鐵塚 蛍	はがねづか ほたる	A							[illegible]	堺市堺区[illegible]	1-1		06-1111-1111	[illegible]	お客さま	堺市堺区	堺中央北	堺三宝	カレンダー	

宛名　電話用　紙一行動簿　宛名印刷

この様式は カレンダーお届け先リスト と
支援者名簿 と 後援会名簿 の 3様式を兼ねています

エクセルファイルを使った個人情報の管理方法などを解説する動画

はない。窓口で「投票させられる可能性がある」と見込まれ、カレンダーを手渡されていた疑いが強い。局長の支援者名簿に家族とともに名前を記され、投票ランクは「C」として局長会組織内で情報共有されていた恐れがある。

郵便局の窓口を使う客は、いつでも局長会のターゲットになりかねないと考えたほうがいい。

ロビーで客を物色する〝ロビー活動〟

２０２０年秋に京都府のある地区会で配られた文書は、もっとわかりやすい。[*11]

「支援者づくりのツールとしてカレンダーを活用。年を越しても１００部使い切るまで活動を続ける。集めた支援者は名簿に記載し管理。２

021年10月に後援会が発足予定で、支援者名簿を活用して1人でも多く後援会に加入していただく」

郵便局で客を物色する〝ロビー活動〟の指示は、さらに具体的だ。

「局長がロビー活動でカレンダーを渡せる支援者を確保していく。13週で約40世帯を今ある支援者名簿に上積みしていく。自分の支援者を増やす、郵便局ファンを増やす取組なので、時間中でも堂々とやっていける。世間話、交通整理など方法はいろいろあるが、信頼回復に向けた業務運営も活用できる。自ら『あいさつ状』と『約束チラシ』を配布し、後でカレンダーを渡せる方を作っていく。毎月月初に報告あり」

「信頼回復に向けた業務運営」とは、かんぽ生命で大量の不正販売が発覚し、業務改善計画にもとづく信頼回復の活動を指す。参院選で投票させることが本来の目的であることを秘して客に近づき、かんぽ不正の事後対応として配る「約束チラシ」まで選挙のために役立てていた。

京都府の別の地区会でも、2020年秋に取り組む支援者の獲得活動について、文書でこう指示が飛ばされていた。[*12]

「窓口に来られるお客さまの日ごろのご利用状況等から、〝この人なら後援会に入会してもらえる、投票依頼ができる〟という人を見つけ、適宜様式（『新たな支援者』）としてリストアップしていく」

客の「日ごろのご利用状況」とは、郵便局での物販などの利用状況を指す。つまり、郵便局のカタログ商品を買うような客なら、郵便局に愛着があり、ガードも甘く、選挙で投票させやすい客だと踏んでいる。

郵便局の〝お客さま〟は結局、局長会にとってはノルマを満たすための「得票」にしか過ぎない。郵便局の経費や物販は、客の投票行動を誘導するための便利な道具だった。

驚くのは、局長会の幹部たちがそのことに何の躊躇(ためら)いも持っていないこと。世間の常識では理解しがたい感覚だが、それは局長会に限ったことではなかった。

第二章　不正を隠蔽した日本郵便

「我々の力は得票数でしか示せない」

全国郵便局長会（全特）は２０２１年４月の評議員会で、副会長と関東地方郵便局長会会長を退いた長谷川英晴を、翌年の参院選の組織内候補者とすることを正式に決めた。評議員会とは、全特総会に次ぐ組織の議決機関である。

長谷川は東北大を出て民間損保で働いたのち、千葉県いすみ市で祖父の代から続く世襲として局長を26年務めた。２０１９年の参院選では、長谷川の地区会が１局平均１００票強と全国１位の得票をたたき出し、全特内では「選挙の神様」と称えられた。[*1] 局長会主導の初の新規事業とうたわれる「ほしいも販売」を千葉県で始めた功績も評価された。

全特会長の末武晃は２０２１年５月の全特総会で、長谷川の実績を力説した。[*2]

「郵政部内外の豊富な知識、経験、郵政事業及び地域社会の発展に対する強く熱い思いをあわせ持つ長谷川英晴氏を国政の場に送り出すことは、全特の目的のさらなる実現に資することが期待できる」

続く6月3日に横浜市の新横浜国際ホテルで開いた政治問題専門委員会で、末武はこう語っていた。*3

「政治の課題は政治の力でしか解決できず、我々の力は得票数でしか示せない。そのためにも長谷川英晴氏を立派な成績で当選させたい。とにかく前回を上回ることを目指し、堂々とした戦いで臨みたい」

長谷川を翌年の参院選に出馬させる方針を改めて確認し、副会長に昇格した遠藤一朗もこう続けた。

「過去3回の参院選では、自民党比例代表の中で断トツのトップ当選を果たしている。同じ当選でも自民党の評価が全く違うので、何とか素晴らしい成績で代表を送り込みたい」

自民党が2021年7月14日に参院選の第1次公認候補として発表した46人の一人に、長谷川も名を連ねた。

長谷川の後援会本部が、2021年9月29日に発足。10月には各地方会に対応する後援会地方本部が続々と立ち上げられた。

自身の選挙に関わる疑惑が浮上するのは、その矢先のことだった。

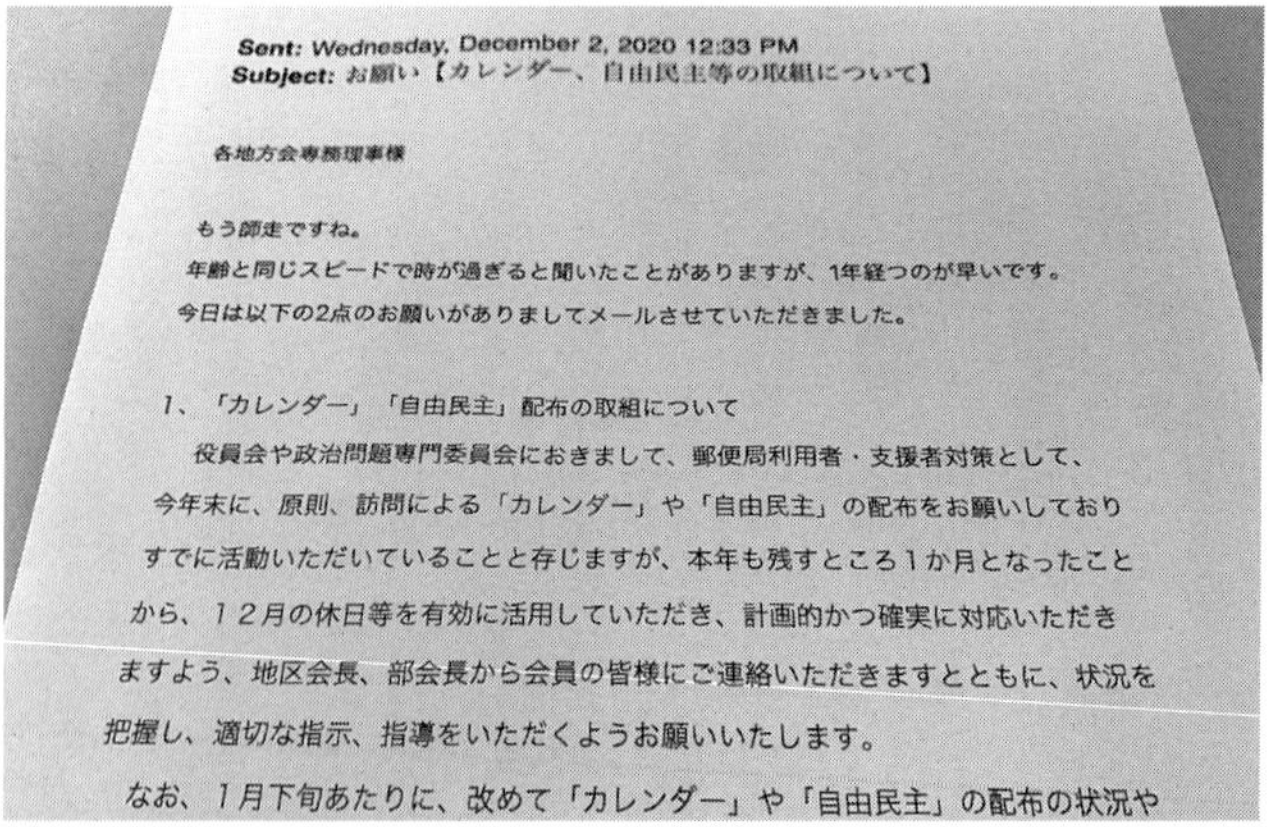

Sent: Wednesday, December 2, 2020 12:33 PM
Subject: お願い【カレンダー、自由民主等の取組について】

各地方会専務理事様

もう師走ですね。
年齢と同じスピードで時が過ぎると聞いたことがありますが、1年経つのが早いです。
今日は以下の2点のお願いがありましてメールさせていただきました。

1、「カレンダー」「自由民主」配布の取組について
役員会や政治問題専門委員会におきまして、郵便局利用者・支援者対策として、
今年末に、原則、訪問による「カレンダー」や「自由民主」の配布をお願いしており
すでに活動いただいていることと存じますが、本年も残すところ1か月となったこと
から、12月の休日等を有効に活用していただき、計画的かつ確実に対応いただき
ますよう、地区会長、部会長から会員の皆様にご連絡いただきますとともに、状況を
把握し、適切な指示、指導をいただくようお願いいたします。
なお、1月下旬あたりに、改めて「カレンダー」や「自由民主」の配布の状況や

全特の専務理事が送ったメール

個人情報を集めるツール

私が1通のメールを入手したのは、2021年8月のことだ。

送信日時は前年暮れの2020年12月2日午後0時33分。タイトルは「お願い【カレンダー、自由民主等の取組について】」で、送信元は全特の専務理事、森山真（まこと）である。*4

「もう師走ですね。年齢と同じスピードで時が過ぎると聞いたことがありますが、1年経つのが早いです」

メールは全国12の地方会の専務理事にあてられ、「お願い」という名目の「指示」を下したものだ。局長会のなかでも専務理事ポストは、元支社長を含む日本郵便幹部からの〝天下り〟で占められている。

「役員会や政治問題専門委員会におきまして、郵便局利用者・支援者対策として、今年末に、原則、訪問による『カレンダー』や『自由民主』の配布をお願いしておりすでに活動いただいていることと存じます」

「本年も残すところ1か月となったことから、12月の休日等を有効に活用していただき、計画的かつ確実に対応いただきますよう、地区会長、部会長から会員の皆様にご連絡いただきますとともに、状況を把握し、適切な指示、指導をいただくようお願いいたします」

「自由民主」とは、自由民主党の機関紙のこと。首相の菅義偉や自民党幹事長の二階俊博の顔写真とともに、「地域力UPに奮闘する郵便局」と題した特集記事が組まれた号外版だ。[*5]

LIBERAL&DEMOCRATIC 自由民主

地域力UPに奮闘する郵便局

菅 義偉

二階 俊博

自民党の機関紙
「自由民主」号外版

メールは続く。

「1月下旬あたりに、改めて『カレンダー』や『自由民主』の配布の状況や『年賀状差出状況』を地区会ごとに集約させていただく予定ですので、その際はよろしくお願いいたします」

年賀状の差し出し状況とは、各局長が自腹で買った年賀状を、決められた書式どおりに後援会会員や支援者に送る活動を指す。

全特が集約するこれらの活動のうち、配布を指示したカレンダーが会社の経費で賄われていることは、森山も当然に知っていたはずだ。

政治活動資金を会社が肩代わり

参院選から4カ月が過ぎた2019年11月、東京・六本木で開かれた全特役員会。カレンダー配布の方針について説明していたのは、当時の政治問題担当の副会長で、のちに自ら参院選に出馬した長谷川英晴だった[*6]。

配布資料にはカレンダー配布の経緯が、こうつづられていた[*7]。

「会社において、お客様（支援者）対策の必要性について深く理解いただき、昨年から、年末のお客様挨拶用のアプローチエイドとしてのカレンダーの購入経費を支出してくれている」

「今年は1局、100本分の経費を手当てしていただいたところ。すでに各部会長において購入し、指定の場所に送付されつつある」

のちの社内調査で判明したことだが、カレンダーは2018年8月、日本郵便会長の高橋亨（とおる）による仲介で、全特の事務局担当者が日本郵便執行役員に経費での購入を要望していた。注文期限が翌月中旬に迫るなか、日本郵便は1局あたり50冊の購入を認め、計2億円もの予算をあっさり計上していた。[*8]

さらに翌2019年には、全特会長らが購入本数を2倍の1局あたり100冊に増やすよう要望。これもすんなり認められ、予算は年4億円に膨らみ、翌年以降も継続的に予算計上する方針が決まった。

この結果、日本郵便としては2018年度に101万冊を買い入れて1・5億円、2019年度は193万冊で3・1億円、さらに2020年度に214万冊で3・4億円を支出。3年間で約508万冊に約8億190万円をつぎ込んだ。2021年度分も含めれば、10億円を超えた計算になる。

カレンダーは日本郵便に経費を支出させる前から、郵便局長会が政治活動の支援者との関係構築のツールとして配っていた。つまり、以前は局長会側で負担していたカレンダー経費を、日本郵便が肩代わりしていた疑いがある。

2018年の夏に多額の経費を急いで日本郵便に支出させた理由は不明だが、局長会側でなにか金銭的な問題が発生したと想起させるような慌ただしさではないか。

経費を付け替えた時期は、翌年夏に参院選を控え、元全特会長の柘植芳文の再出馬が固まっていたころだ。選挙向けの後援会が各地で立ち上がり、入会の働きかけに向けた準備が本格化していた。少なくとも2018年末のカレンダーは、翌2019年の参院選を視野に、後援会会員や会員となりそうな有権者に狙いをつけて配られていた可能性が高い。

一方、2019年と2020年の年末は2022年夏の参院選を念頭に置きながら、カレンダーが配られていた。前回選挙の後援会会員が次の選挙でも得票になり得るかを見極める「関係維持」のほか、新たに後援会に入れられそうな顧客との「関係構築」に活用する狙いだった。

それでは、選挙を翌年に控えた2021年末のカレンダー配布はどうなるか。私が動かぬ証拠をつかもうと待ち構えていた矢先、事態が動き出した。

西日本新聞が上げた狼煙

郵便局の不祥事を熱心に追っていた西日本新聞が、2021年10月9日付の1面トップで狼煙(のろし)を上げた。[*9]
「郵便局長　経費で政治活動　配布用カレンダー購入」
「日本郵便　違法献金の可能性」
おもに2019年の全特の内部資料をもとに、元会長の柘植芳文が再選を果たした同年夏の参院選で「ご協力いただいた方々」にカレンダーを配るよう指示が出ていたと指摘し、政治資金規正法で禁じられた企業献金にあたる可能性があると報じていた。

私も3連休を挟んだ10月12日付の朝日新聞で、経費で買ったカレンダーが政治活動に流用された疑いがあることを報じ始めた。

この時点で私の手元にあったのは２０２０年末の配布に関わる内部文書や証言が中心で、前回の参院選のお礼というよりも、次の参院選に向けてカレンダーが配られている疑いがあった。それだけに、２０２１年末のカレンダー配布をリアルタイムで取材して確証を得たかったが、それはかなわなくなった。

一方、顧客情報の流用こそ問題だと考えていた私は、10月28日付朝刊や同日のデジタル版で、顧客を狙った政治活動の支援者獲得を求める指示が複数の地方会で出ていたことを取り上げ、個人情報が政治活動に流用されている疑いがあると報じた。やり玉に挙げたのは、顧客の投票行動を評価するエクセルファイルを配っていた近畿地方会のほか、支援者獲得のために「窓口来訪者の記録」をするよう活動方針に盛り込んだ中国地方会、支援者でない世帯を営業ＰＲ名目で訪問して信頼構築するよう指示していた東北地方会だ。

顧客情報の流用について、日本郵便の広報担当者は２０２１年10月22日の時点で、きちんと調査して実態を確認する考えだと説明していた。[*10]

日本郵政社長の増田寛也も２０２１年10月29日の記者会見で、「11月中に調査を終え、結果を分析して公表したい」と述べた。[*11] 郵便局の顧客情報については「日本郵便の情報を別目的に使うことはあってはいけない。そういう認識で、どうやられたかを調べる」とし、カレンダーの流用問題とあわせて調べることを約束していた。

このときの発言や説明はその後、大きく変遷してウソに変わっていく。

局長会の迷走ファクス

東京・神田にあった朝日新聞経済部の分室に2021年10月11日夕、1枚のファクスが届いた。発信元は全特で、題名は「回答書」とある。[*12]

この時点で、私はカレンダーの流用問題についてだけ質問していた。回答書は質問にはほとんど答えない一方的な文章だったが、それでも近年の全特がマスコミの取材に対し、コメントを表明するのは異例の対応だ。

「カレンダーは日本郵便の営業施策として実施している。各局100部と配布部数に限りがあるため、効率的な配布を指示している」

回答書はそう説明したうえで、参議院議員の後援会会員に配るよう指示した事実はない、と否定し、さらにこう書かれている。

「今後は誤解を招かぬよう配布の趣旨をさらに徹底してまいります」

文面の趣旨について説明を求めたが、対応する全特の事務局次長は「書いてある通り」と言うばかりで、決して取材には応じなかった。

文面どおりに読めば、全特としては「効率的な配布」を指示しただけなのに、現場の局長たちが勝手に誤解して流用していたと読める。本当だろうか。

朝日新聞で全特の回答内容が報じられると、局長会の会員用サイト「全特ＮＥＴ」の掲示板は怒りの声であふれた。[*13]

「我々が勝手に支援者へカレンダーを配ったってことですか」

「どれだけの会員が土日に汗をかいたと思っているんですか」

中堅クラスとみられる局長からは、こんな投稿もあった。

「今までこちら〈郵便局長会側〉の負担でまかなっていたものが突然に会社負担となり、伝え方はマチマチになっていた」

「今年は『経費なので、支援者への配布に使わないように』と指示があった。去年は支援者へ配布等の指示があった。しっかり役員が説明しないと、下々の局長は困ります」

こうした投稿内容が朝日新聞で報じられると、全特はすぐに掲示板を閉鎖した。

11月2日には、顧客情報の流用疑惑についての質問に対し、全特が2回目の「回答書」をファクスで寄せてきた。[*14]

顧客情報の流用疑惑については「全く当たらない」と完全否定し、カレンダーの配布は「選挙とは関係ない」と強調する内容だった。ただ、「支援者」や「後援会員」といった言葉については「会議などで用語を必ずしも明確に区別できていなかったものもあることがわかった」ため、「今後は注意する」と書かれている。

2度目の回答書では、支援者とは「お客様の中でもより郵便局を理解し、支援してくれる方」を指すと説明している。カレンダーも活用した支援者づくりは「郵便局ファンを増やす努力」であって「政治活動ではない」とし、支援者名簿はいわばお客様名簿であって、後援会名簿とは「そもそも区別されるもの」だとしている。

つまり全特としては、事業の一環で「郵便局ファンを増やせ」と指示しただけなのに、言葉遣いが適切でなかったために、現場の局長たちが選挙の支援者づくりだと誤解して暴走してしまった、と主張したいようだ。

だが、カレンダーの配布相手の参院選の投票行動をA～Cでランク付けさせていたことはどう説明するのか。各地の地方会が参院選に向けた活動方針として、支援者づくりの目標を掲げていたのはどういうことか。どこからどう見ても、組織的に郵便局の利用者を集票の標的にしていたではないか。そうした質問には都合が悪いのか、何も答えていない。

その後も私は全特に繰り返し質問状を送ったが、回答が返ってくることは二度となかった。

そして、二つの回答書が「真っ赤なウソ」であると確定するまでに、そう時間はかからなかった。

平然とウソをつき始めた日本郵便

日本郵便は2021年11月26日、全国の統括局長の約4割にあたる90人を懲戒処分したと発表した。[*15] 対象は2018〜2020年度の統括局長で、11人が訓戒、79人が注意。このうち9人は主幹統括局長で、2021年春に交代した主幹統括局長以外は全員が処分を受けた。[*16] ただし、ポスト解任をともなう戒告以上の処分はゼロだった。

日本郵便の説明によれば、局長856人を含む計約1千人に聞き取りを行った。その結果、全特が統括局長らに対し、カレンダーを政治活動などの支援者に配るよう指示したことと、それを受けて一部の局長が政治活動にカレンダーを流用した事実は認めた。

2020年度以前からの統括局長223人のうち、全特の指示について「指示を下ろさなかった」などと答えた1割の統括局長と、「全特の指示内容は伝えつつ、指示は無視して支援者だけには配るなと指示した」などと答えた5割の統括局長は処分を免れた。全特の指示をそのまま下ろすなどして「業務と政治活動を峻別していなかった」などと認めた90人が、「会社として政治活動をしているかのような誤解を生じさせ、会社の社会的評価を低下・毀損する」との理由で処分された。[*17]

わずか1カ月でどれだけ丁寧な調査ができたのかはわからないが、各地の地方組織では10月末から11月上旬にかけて、「現場の局長は調べない。責任はすべて上が取る」といった情報が伝達されていた。日本郵便の調査結果はそれを裏付ける内容で、結論ありきの出来レースだったのではないか。[*18]

日本郵便は統括局長が責任を取ったかのような形をつくり、現場に指示を飛ばしていた副統括局長や部会長らは不問とし、具体的な配布状況は一部の局長への形式的な聞き取りをしただけで済ませた。さらに、「政治活動の支援者は郵便局の利用者でもある」という理屈をひねり出し、全体としてカレンダーの流用や横領にあたるとは認めず、返金や損害賠償も一切求めなかった。

全特がカレンダー経費を要望した動機や全特側への経費の還流については「調べる」と明言して答えを先延ばししていたが、これも結局はウソだった。

1カ月ほどが過ぎてから、説明を反転させて「調べない」と言い出し、その後は記者会見で何度聞かれても回答を拒否し続ける有り様だ。[*19] 全特だけでなく、会社までもが平然とウソをつくようになってきた。

この結果、8億円超もの経費を日本郵便から引き出し、政治活動のために不正利用していた管理職社員たる局長たちは、日本郵便では横領にも経費の目的外利用にも問われることなく、一部の幹部が軽い処分を受けるだけで済まされた。

そして何より驚かされたのは、もう一つの疑惑である顧客情報の流用について、何ら公表も調査もせずにやり過ごそうとしたことだ。

記者会見の途中で説明を変える代表取締役

郵便局の利用者である顧客を標的にした局長会の支援者獲得が、少なくとも近畿、中国、東北の3地方会で組織的に指示されていたことは、朝日新聞が２０２１年10月末から報じ続けていた。日本郵便側はその点も含めて「11月中に調べて回答する」と明言していた。

ところが、11月26日公表の調査結果には、

「一部の郵便局長は、局長会支援者リストにカレンダーの配布有無を記載していましたが、記載に際し、日本郵便が保有する顧客情報が使用された事実は認められませんでした」

との一文があるだけで、他には何も書かれていない。*[20]

「今回の調査で全体像が把握できた。調査は尽くした。調査は終了したと考えている」

日本郵便代表取締役兼専務執行役員の立林理は、11月26日の記者会見の前半でそう言い切っていた。[*21] 近畿地方会などが顧客を物色して支援者集めをした事実について調査を続けないのか、と私が尋ねたときだ。

ところが、記者会見の途中から説明が変遷していく。

質問を重ねていくと、日本郵便の調査担当者は、朝日新聞が報じた3地方会での活動指示を確認し、それが〝不適切な指示〟だったことを認めた。それでも立林は、個人情報の流用を促す指示が処分事由には含まれていないと明言し、理由は「指示した結果として、〈顧客を狙った勧誘活動の〉事実は確認していないので」と説明した。

だが、調査担当者らが途中で口を挟み、「ロビー活動の指示も処分対象に含まれる」と立林の説明をいきなり否定し始めた。それにもかかわらず、ロビー活動が処分理由となった局長の人数は「わからない」と言い、ロビー活動の指示をしながら処分されていない局長は「いるかもしれない」と認める始末。公表資料にも記載はなく、不自然この上ない。

立林も会見の終盤になって何かを悟ったのか、「ロビー活動の指示は把握したが、それ以上は今回の調査では及ばなかった」「〈調査〉終了という言葉を〈自分が〉使ったなら間違いだ」と言い直し、一転して調査を続けると認めだした。結局、顧客情報が選挙のために流用されることにさして関心もなかったのだろう。

会見終了後の調査担当者らの説明では、朝日新聞が報じた3地方会の文書や指示が存在することだけは確認したが、中国・東海の2地方ではそれ以上の調査は何もしなかった。

近畿地方では、統括局長35人を含む計139人に「顧客情報を流用したことはあるか」とヒアリングし、全員が「流用はない」と回答したため、この時点では「不適切な指示は出したが、実行はされていない」と判断したとしている。ただ、指示が具体的にどう下ろされたのかは調べていなかった。

カレンダーの流用問題では、統括局長がどう指示していたかを一人ずつ尋ね、その形容にもとづいて処分を出している。ならば、顧客情報の流用につながる指示についても最低限、誰からどう下ろされたのかを調べるのは当然ではないか。私がそう尋ねると、調査担当者は「調査の網を広げてあぶり出す」と真剣なまなざしで語っていたが、あれもウソだったのだろうか。

その後の調査の結果もまた無残だった。

調査担当者が不正の申告を撤回させる

日本郵便は全国1万8633人の旧特定郵便局長を対象に、顧客情報の政治流用について、法令や社内ルールに違反する行為がなかったかを尋ねる実名アンケートを実施した。回答期間は2021年12月13～16日で、正直に申告すれば、リニエンシー制度によって処分を軽くする場合があるとしていた。

顧客情報の政治流用や郵便局内での政治活動の有無を尋ねる内容だが、局長が一つでも「はい」と入力すると、すぐに支社の調査担当者から電話が入り、「絶対に間違いないか」と念押しすることにしていて、誤解があれば回答期限前に撤回するよう促した。正直な申告をしにくくするアンケートだったのだ。

私が取材で聞いただけでも、調査担当者から「流用した住所が昔からの知人なら顧客とまでは言い切れない」「窓口で知り合っていても、どこで個人情報を得たかが思い出せないならセーフ」「2017年度以前の不正利用は『いいえ』で」などと言い含められ、回答を撤回した例が多数ある。[*22] なかには、「顧客情報の流用で『はい』と申告すれば、年末に支社に呼び出して事情を聴くことになる」と脅され、回答を翻した局長もいた。「はい」を撤回した局長は500人以上に上り、一つでも「はい」と回答した局長は705人に絞り込まれた。[*23]

内訳は表のとおりだ。

このうち、個人情報保護法への抵触が疑われる「①顧客情報を無断で支援者名簿に記載」と「②顧客情報を使った戸別訪問で政治活動」のいずれかに「はい」と回答した計297人が、支社などで事情聴取を受け、不正流用の状況を詳しく聞かれた。社内ルール違反に問われた③

① 顧客情報を無断で支援者名簿に記載	**74**人
② 顧客情報を使った戸別訪問で政治活動	**257**人
③ 営業名目の戸別訪問で、政治活動の支援依頼	**130**人
④ 郵便局内で政治活動の声かけや支援依頼	**363**人
⑤ 郵便局内で顧客情報を支援者名簿に記入	**306**人
⑥ 局内でカレンダーを政治活動に流用	**119**人

※日本郵便「業務外活動の調査結果」(2021年12月22日公表)をもとに作成。複数回答あり

郵便局長1万8633人に実施した実名アンケート

〜⑥の局長は、Ｚｏｏｍで30分あまりの「研修」を受け、支社長あての始末書を書くだけで済まされた。

日本郵便は２０２２年１月21日、計１３１８人分の顧客情報が計１０４人の局長によって不正に使われたり流出したりしていたとする調査結果を公表した。[*24]

１０４人のうち31人が４９０人分の情報を無断で局長会側に流出させ、73人は８２８人分の情報を戸別訪問や電話での勧誘などに使っていた。不正に使われた情報は顧客の名前と住所、電話番号で、ゆうパックのラベルやゆうちょ銀行の払戻請求書、かんぽ生命の契約内容調査票などから情報を抜き出していたという。

これが氷山の一角に過ぎないのは明らかだが、もっと深刻なのは違法行為の「原因」を特定せ

ず、組織的な「指示」については調べもしないことだ。

個人情報保護法を踏みにじる日本郵政と総務省

日本郵便が２０２２年1月21日に「総務省への報告について」と題して公表した資料は、Ａ４判７ページで、顧客情報の流用に関する記述は２ページしかない。自己申告した局長の人数や、不正利用された個人情報の入手ルートが並ぶほかは、「個人情報に関する研修」といった再発防止策が淡々と書かれてあるだけだ。

局長がなぜ不正な情報流用に手をつけたかという「動機」や、不正がなぜ起きたかを分析した「原因」については、一文字も記述がないという「調査結果」である。再発防止策の前提となる原因を明らかにしないまま、個人情報の流用はいけないことだと局長に教えるという「再発防止策」を仰々しく掲げる内容だ。顧客の個人情報を保護する意識があまりに乏しい。

日本郵便広報室部長の村田秀男は調査結果公表後の記者説明会で、顧客情報の流用を促すような指示をした局長は一人も見つからず、不正流用が認定された局長からも具体的な指示を受けたという証言は出なかった、と堂々と説明した。[*25]

ところが、質問を重ねていくと、近畿・中国・東北の３地方会で〝不適切な指示〟が出ていることは把握しているにもかかわらず、指示したとみられる統括局長らには処分どころか、どんな指示をしていたのかと質問することさえしていないことがわかった。質問すらしない理由を尋ねられても何も答えず、村田はただオウムのように「調査は終わり」と連呼した。

平気でウソを重ね、不正があるのは明白でも目をつぶる日本郵便と日本郵政。個人情報保護法に違反する行為が大量に発覚したのに、謝罪さえしようとしない大企業の開き直りに、マジメに取材していた私も虚しさを覚えるばかりだった。

調査結果の公表から4日後。1月25日に総務省で開かれた有識者会議では、日本郵便から報告を受けた出席者たちも怒りをぶちまけた。[*26] 会議は郵便局データのビジネス活用などを検討する場だったが、個人情報保護法の専門家でもある構成員から「信頼獲得というデータ活用の前提ができていないのはかなり衝撃的な話だ」（弁護士の増島雅和）といった声が噴出した。

弁護士の森亮二が「国民の信頼が破られている状態だ」「発生原因にメスが入らないと、また起きると多くの人が考える」と指摘すれば、東京大学大学院准教授の巽智彦は「調査を終えるのは論外」と実態解明を要求。局長らの行為について「違法なのはほぼ確実」とし、日本郵便が一連の違法行為を「不適切」と表現していること自体が「個人情報保護法がわかっていないと知らしめる事態だ」と批判した。

だが、暴走を始めた日本郵便にとっては「どこ吹く風」である。

会議に出ていた日本郵便常務執行役員の小池信也は、批判する出席者に対して「個人情報の〝不適切〟な取り扱いがあり、改めておわびする」と述べ、「必要な調査は行った」とばっさり反論した。

日本郵便は2月1日、個人情報を不正流用した104人と、指導や指示の仕方が不十分だったという統括局長6人を注意処分にしたと発表し、予告どおりに調査を打ち切った。[*27] 1300人超の顧客情報を政治活動に不正流用しておきながら、記者会見を開いて謝罪することもしなかった。そんな事後対応に、総務省も個人情報保護委員会も沈黙を貫き、ろくにただそうとさえしない。

2月10日に定例会見を開いた日本郵政の増田寛也は「調査が十分かどうかは見方が分かれる。見解の違いだ」と有識者会議の専門家たちを突き放し、調査を打ち切る日本郵便を擁護した。[*28] かんぽ生命の不祥事による前経営陣の引責辞任を受けて2020年に就任した初日のあいさつでは「社内の常識が世間の非常識になっていないか、よく検証して前に進んでいく姿勢が大事だ」と述べていたが、増田ももはや世間の常識を気にする余裕を失っていた。

郵便局の利用者よりも、もっと優先して守るべきものが他にあるからだ。

こどもだましの動画研修

日本郵便経営陣のなりふり構わないウソと隠蔽行為に、いちばんガッカリしたのは不正を自ら打ち明けた全国の局長たちだった。

ある局長は２０２２年1月31日、日本郵便支社の担当者から1枚の紙切れを手渡された。[29]

「顧客情報を不適正利用した。よって社員就業規則により注意する」

具体的な処分理由は何も書かれていない、押印さえない数行ばかりの「処分通知」だった。

前年末の実名アンケートで、顧客情報を政治活動に流用したと正直に答えたのは、処分も覚悟のうえ、ガバナンスがきかずにタガの外れた局長組織の立て直しに願いを込めたからだ。

選挙が近づくたびに、打ち解けやすい顧客を窓口で物色していた。カタログギフトの申込書の控えから個人情報を抜き出し、後援会入会を働きかける顧客リストを作成していた。理由は他でもない、会社の人事権に強い影響力を持つ局長会役員らのプレッシャーがあまりに激しかったからだ。

１００人ほどのリスト作成をノルマに課せられ、進捗管理で頻繁な報告も求められた。親戚や友人の名前で埋めた名簿は突き返された。「局周」と呼ばれる地域住民の獲得が重視されるためで、地縁の薄い若手は物販履歴を参照するよう促された。要求に従わないと会社の人事評価にも響きかねず、個人情報の保護ルールに反するとわかりながら不正を重ねた。日本郵便の調査担当者にもそう訴えた。なのに――。

10日前の1月21日に公表された調査結果を見て愕然とした。局長の自己申告を集計しただけで、不正の発生原因は一文字も書かれていない。前提となる原因を無視した「個人情報保護の研修」を掲げたことにはめまいさえ覚えた。

同じ地区には、不正をしていても正直に申告しなかった局長が何人もいる。当初は正直に申告したのに、調査担当者に「処分が出るぞ」と脅されて撤回した局長もいる。顧客を狙った支援者獲得を促した局長会役員は、処分どころか調査もされずに涼しい顔をしている。会社には不正を申告しなかったにもかかわらず、支援者名簿から顧客の名前を消すよう指示したり、実際に個人情報をこっそりと外したりする例さえあった。

2月に日本郵便が実施した「研修」とは、好きな時間に視聴できる20分ほどのオンライン動画だった。弁護士が「業務で得た個人情報は業務外の目的では使えない」などと解説する内容。まるで自分たちが社内ルールを知らずにうっかり不正をしてしまったかのような前提だが、事実とは違う。原因をろくに調べずに再発防止策を講じても、なんの意味もない。

処分通知を手にした局長が嘆いた。

「正直者がバカを見ただけでしたね。失望を通り越して絶望するしかありません」

次の参院選が5カ月後に迫っていた。

得票は郵便局のバロメーター

顧客情報流用の調査が打ち切られるのを見越し、各地の地方会がそろりと動き出していた。個人情報やカレンダーの流用が報じられた2021年秋から休止していた政治活動が、徐々に息を吹き返していく。

2022年1月15日にあった東京地方会の新年会では、全特理事も兼ねる会長の福嶋浩之が自粛していた政治活動を解禁すると説明し、あいさつをこう締めくくった。[*30]

「この夏の戦いのことを何も言わないなと思ったと思うが、そうはいかない。東京は絶対的な名簿数が少なすぎるが、戦いの当日に名前を書いてもらえる人を半分以上つくれば問題ない。やっぱり政治の話をしやがったと思うかもしれないが、これは大切なんです」

局長会の政治活動は、この頃から示し合わせたように各地で再開された。本来なら選挙の前年秋に本格化する後援会への勧誘は、2月ごろにようやく平常運転に戻った。ただ、「ルールをしっかり守る」「業務と政治活動は峻別する」が合言葉となり、前年までの勢いを取り戻すのは難しかった。

全特や地方会、そして地区会が現場の局長らに押しつけた「得票ノルマ」が違法行為の根源にあるのは明らかで、目標とする後援会会員の獲得数を下げたり、目標自体をなくしたりする動きもあった。

だが、「目標を下げる」と唱えながら、実際には当初の目標から数票しか下げない肩すかしも見られた。選挙の足音が近づくと、得票が減ることへの恐怖心が勝り、巻き返しを図る地区会が増えた。

京都府のある地区会の会長は2022年2月、地区会の決定をこう伝えていた。[*31]

「全特、近特でも事態を重く受け止め、今夏の参院選に向けた後援会活動においては、入会者の目標設定は行わないとの決定となりました」

「部会でお話合い頂き、意見を頂いた結果、現在の我々を取り巻く環境や、局長のモチベーション等を考慮し、地区会としては『後援会入会の目標設定は行わないが、獲得票数は前回を超えるよう取り組む』と決定いたしました」

地区会長は会員へのメールで「選挙で支援者をどれだけ増やしたかが、郵便局が必要とされているかのバロメーターだ」と訴え、後援会加入者名簿は4月中に提出し、選挙の公示までに3回は名簿にある人を戸別訪問して回るよう求めた。

この地区会は「ルールを守り、できることをすべてやりきる」をスローガンに掲げた。6月の公示日が近づくと、地区会長は「やれる範囲でやる」ではダメだと強調し、「後援会会員を一人も逃さない」「投票に行って長谷川ひではると書いてもらう」を必ず実行するよう檄を飛ばし続けた。

部会長らのスマホには公示期間中、毎朝のように地区会長からのＬＩＮＥメッセージが届いた。[*32]

「おはようございます。選挙活動ができる日数も残り9日。『同じ名字で立候補している人がいるので、名前の最後まで記入をお願いします』まで伝えてください。フルネームを記入していただいて、やっとミッション完了です。最後の最後、フルネームを記入されなければ、苦労が水の泡になります」

「選挙活動ができる土曜日は2回となりました。まだ追いかけられる方はおられると思います。投票をお願いする際は、後援会員に自身で紙片にフルネームを記入してもらえれば、その紙片は筆記台まで持っていけるようです。必ず投票者自身で記入してもらってください」

「残り6日となりました。めざす得票数は『前回以上』と全員で意識を合わせました。その言葉を違えないように、しっかり部会内の活動の確認をお願いします。『もうこれで十分』はありません。最後まで一票の積み重ねをお願いします」

「選挙活動も残り2日です。期日前投票は今日から明日にかけて増えます。投票に行かれてからお願いしても遅い。最後の最後まであきらめず、もう十分と思わずにお願いしてください。各部会、最後の確定A報告については結果と乖離のない、責任をもった報告でお願いします」

元首相の安倍晋三が銃殺された7月8日の翌朝も、メッセージは続いた。

「選挙活動も最終日。昨日は痛ましい事件がおきました。自民党本部から『暴力には屈しないという断固たる決意のもと、選挙活動は予定通りに進める』旨の連絡が入ったと、郵政研本部から連絡がありました。お願いできるすべての方に、投票所に行ってもらい『長谷川ひではる』と記入してもらってください」

地区会メンバーの一人は、冷めきった気持ちで一連のメッセージを眺めていた。サボるのが難しい電話作戦やペアでの戸別訪問には参加したが、やる気はまったくわかなかった。

トップ当選からの陥落

２０２２年７月10日の投開票日。

全特の組織候補である長谷川英晴が集めた得票は、41万４３７１票だった。前回２０１９年の参院選からは19万票近く減らした。多くの地区会で政治活動が抑制的だったことを思えば、当然の結果とも言える。

比例区のトップ当選は約53万票を獲得した新顔の漫画家、赤松健で、全特は２０１３年から続く自民党比例代表でのトップ当選の座からは陥落した。

とはいえ、自民党の職域団体が獲得した票を見渡せば、全国建設業協会が職域代表として推した足立敏之は約25万票、日本医師会の自見英子（じみはなこ）が約21万票、全国農政連の藤木真也（しんや）が約19万票で続く。全特の強さはなお歴然で、組織のメンツは保たれた。

過去の選挙を振り返れば、柘植芳文が初当選した２０１３年は42万9千票。国民新党や民主党の支持にカジを切った２０１０年で40万7千票だったことを思えば、40万票強という数字が、いまの局長会の「実力」を表しているのではないか。

参院選の開票から3週間後。全特会長の末武晃は２０２２年7月末の役員会で、開票結果をこう総括した。*33

「苦しく、厳しい選挙だったが、長谷川英晴相談役を国政の場に送ることができた。これもひとえに短期間に１４３万人の後援会員を獲得した会員の努力の結果である」

ただし、集めた後援会員の数に比べ、得票数は3分の1以下。前回の選挙から大幅に票を減らしたことを踏まえ、末武はこうクギを刺すのも忘れなかった。

「このままでは次回の選挙で、さらに得票数が減少する可能性がある。今回の結果について、きちんと評価、反省し、取り組みをしっかり行っていく必要がある」

続く8月に熊本市で開かれた会合で、副会長の遠藤一朗もハードルを上げた。[34]

「いろいろな悪条件が重なったとはいえ、〈前回より〉3分の1減少しており、仕方がなかったということで済まさないようにしていただきたい。どうしようもないことがあったと思うが、やはり何か原因があったのではないかということで、評価・反省を行っていただきたい」

得票を減らした理由は、すでにはっきりしている。前回選挙までは、顧客情報や会社経費の流用が横行していたが、今回の選挙ではそれが難しくなり、不正の発覚で数カ月の活動休止に追い込まれた。全特と日本郵便はウソの説明を繰り返し、郵便局の信用やブランドを傷つけ続けた。

本当に反省すべき者は誰なのか。その答えもすでにはっきりしている。

第三章　郵便局舎を私物化する理由

地主をダマす局長

信越地方のリゾート地の集落で国道沿いの土地を持つ60代の地主の男性は、地元の郵便局長からこう懇願されたのを忘れられずにいる。[*1]

「明日、日本郵便の社員を連れてくる。そこで『土地は局長に貸す。日本郵便とは契約しない』と言ってくれ」

2018年の出来事だ。忘れられないのは、局長があまりに必死の形相だったからだ。

その少し前、「郵便局舎を移転したいから、土地を貸してほしい」と局長から頼まれていた。当時の郵便局は老朽化していて駐車場も狭く、路面が凍る冬場に事故が起きたこともある。それに対し、自分の所有地は駅からほど近い角地で、行き交う車からも視角に入りやすい好立地。コンビニを建てないかと誘われ、条件が合わずに断ったこともあるほどだ。

地域のためになるならと、局長の提案を受け入れた。借地料は相場より大幅に下げてもいいと思って「月額5万円以上」と伝えた。そのときは局長も頷いていた。

男性にとっては、土地を貸す相手は局長よりも日本郵便のほうが安心だ。大企業との契約なら取りっぱぐれの心配がない。もっと言えば、借地料が高いほうに貸したいとも思う。

だが、ちいさな集落で顔なじみの局長の頼みとあっては断りにくい。詳しい事情は聴かず、局長が翌日に連れてきた社員2人に、教わったとおりのセリフを告げた。

「局長さんには、いつもお世話になっているので、日本郵便には貸さない。局長に貸したい」

玄関先で立ったままで10分足らず。「儀式」のような面談だった。芝居を打たされた気まずさは覚えたが、本当に困惑するのはそれからだ。

形ばかりの面談を終えてしばらくすると、見知らぬ工事業者が勝手に土地の造成工事を始めていた。賃貸契約を結んでいないばかりか、借地料さえ決まっていないのに。

そこで局長に借地料を確認すると、局長側はその段になって「月額2万円」と言い出して譲らなくなった。事前に「月5万円以上」と伝えたやりとりは何だったのか。

交渉の場には、地区郵便局長会の幹部が顔を出すようになった。彼らは2万円という賃料が「安すぎる」ことには同意し、「持ち帰って交渉してみる」と引き取ったが、結局は1円たりとも譲歩しなかった。

交渉は暗礁に乗り上げ、造成工事はいったん止めてもらった。すると、どこからか「あのお宅が郵便局ともめているらしい」という噂がたち始めた。周囲の目が気になって気持ちが滅入り、男性は土地の区画をすこし変えて「言い値」を受け入れることにした。

局長側が月2万円に固執したのは、後述するように、日本郵便内で定めた契約条件があるからだ。だが、地主が日本郵便に土地を貸していれば、交渉はもっと柔軟で、賃料が相場どおりになっていた可能性がある。そんなことを一住民にすぎない男性が知るよしもなかった。

郵便局舎の新築工事が終わると、地区局長会から感謝状と局長会名入りのハンドタオルを贈られた。虚しさと悔しさがこみ上げてきた。

これが局長会の掲げる〝地域密着〟の本性なのか。

新築局舎の3割超を局長が獲得

日本郵便には「押さえ」という隠語がある。郵便局舎の移転や新設を担う文社の社員だけが使うものだ。

「ちゃんと『押さえ』はできているか？」

「まだ甘いかもしれませんね」

「ちゃんと念押ししとけよ」

そんなやりとりが現場で交わされていると、私が初めて耳にしたのは2020年末だった。

それから数カ月かけて、複数の支社で同じように使われていることを確認した。[*2]

日本郵便は全国に約2万4千ある局舎のうち、約1万5千局を年600億円で借り上げている。このうち1万局以上は、社員やその家族、元局長から借りている物件だ。2019年4月時点の内訳は、現役局長が2000局、局長の家族や郵政グループ社員が2774局、元局長が5940局を占めた。[*3]局数ベースで単純計算すれば、400億円規模の賃料が局長関係者の懐に流れていることになる。

ただし、ここで着目したいのは、こうした局舎の「ストック」ではなく、新たに移転したり開局したりする「フロー」のほうだ。

民営化後の日本郵便の社内ルールでは、老朽化による移転などで局舎を新設する場合、不動産は第三者から調達するのが原則となっている。上場企業の主要会社にもなり、役職員に不当な利益を与えるのを防ぐためだ。

ところが、私が2020年までの3年間に移転した郵便局舎の不動産登記を調べてみると、240局のうち、少なくとも3割の73局の所有者名が2021年春時点の局長名と一致した。[*4]建物面積が200平方メートル以下の新築物件に絞れば、割合は約5割になる。実際には局長とその家族、グループ社員が取得した局舎は3年間で86局あったことがのちに判明する。

土地の所有権を調べると、現役局長が保有する73局のうち40局は、移転前2年以内に局長が

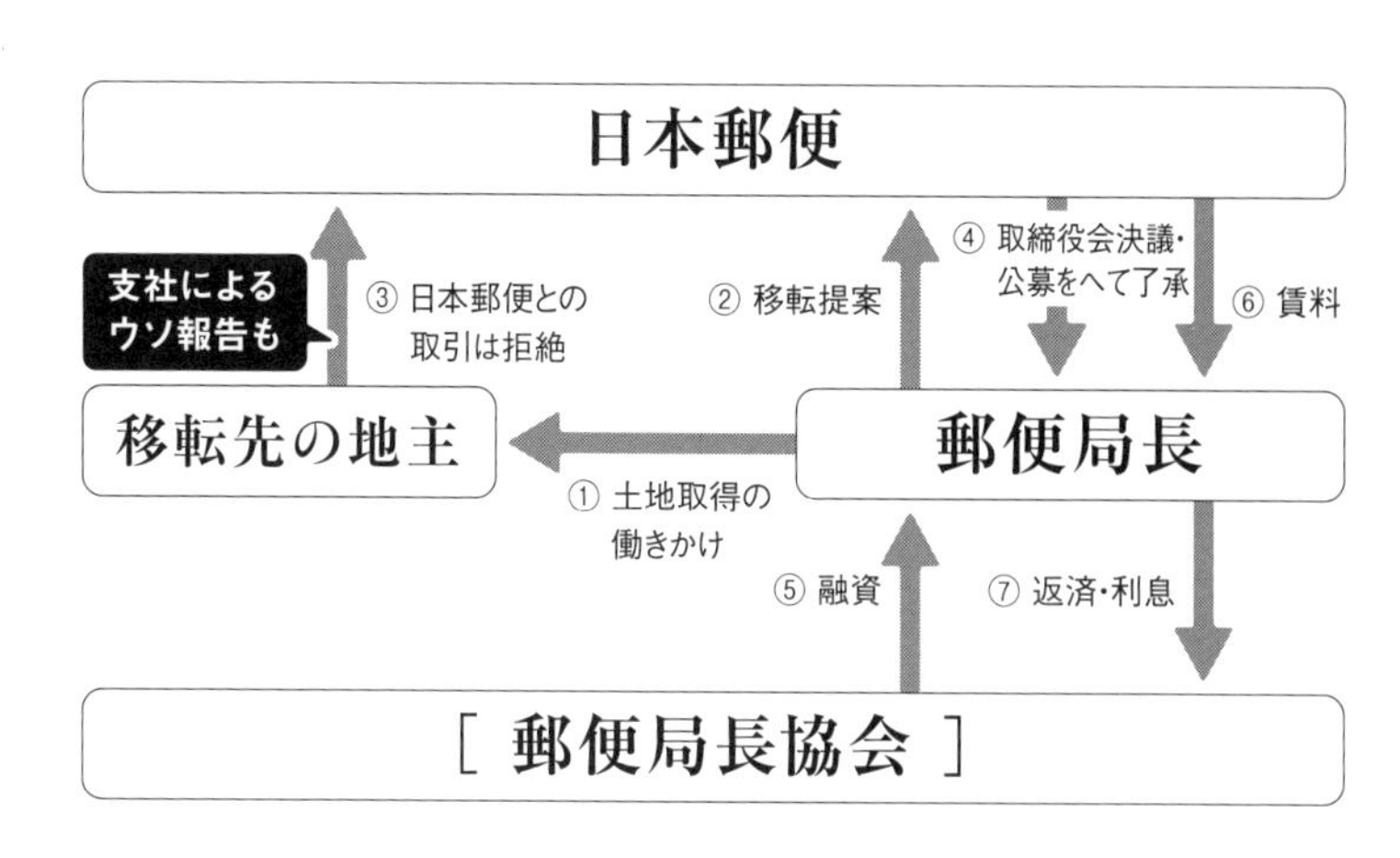

郵便局長による一般的な郵便局舎取得の流れ

取得した土地だった。ほかは局長が地主から借りているものが多く、ごく一部は以前から局長や家族が保有していたものだ。

社内ルールの原則とは相反する例外が、これほど多いのはなぜか。

その謎を解くカギとなるのが、「押さえ」と呼ばれる裏技だ。

じつは、局長の物件取得を例外として認める「抜け道」が、社内ルールにも規定されている。物件が次の3要件を満たし、「真にやむを得ない場合」と認められることだ。

①日本郵便が地主から土地などを直接は借りたり買ったりできない事情があること

②より優良な物件がないことを確認し、公募も行うこと

③ 日本郵便取締役会で決議を得ること

ハードルがとくに高いのは、①だ。要するに、いくら局長が有力な候補地を自分で見つけたとしても、地主が日本郵便に土地を貸したり売ったりしてもいいと思えば、局長が局舎を取得することは認められない。裏を返せば、地主が「日本郵便とは取引したくないが、局長なら譲る」とでも言い出さない限り、局長の局舎取得は実現しないはずだ。

そんなルールがあるにもかかわらず、局長が局舎をいくつも獲得しているのは、冒頭の信越地方の事例のように、局長が地主に懇願し、ルールをかいくぐらせるケースがあるからだ。「押さえ」とは地主への事前の根回しを指すが、実態は「やらせ」や「仕込み」であり、地主を巻き込んで勤め先にウソをつく行為だ。

ただし、なかには「押さえ」をしくじり、地主の協力を得られないケースもある。

取締役会にもウソをつく

「畑の一角を売ってもらえませんか」

東海地方で果物農家を営む70代の男性が、自宅を訪ねてきた地元の不動産業者から持ちかけられた。ちょうど相続を意識して土地の整理を考えていたところだったが、提示された金額は相場より安いように思えた。[*5]

いったい誰が買うのか。業者から教わったのは、面識のない郵便局長だった。畑を整備して、郵便局舎を建てたいというのだが、その後も局長と顔を合わせることは売買契約の当日までなかったという。

郵便局を建てるのに、なぜ日本郵便という会社が自ら買わないのか。不思議な気はしたが、業者からは「よくあることなんですよ」と諭された。

その後、日本郵便東海支社の社員が訪ねてきたこともある。局長と同じ勤め先なのに、社員は「日本郵便のほうに土地を譲る気はないか」と尋ねてきた。男性は素直に「どっちに売ってもいいよ」「値段がいいほうに売るよ」と応じた。事前に「押さえ」ができていなかったのだ。

社内ルールでは、局長が移転の候補地を見つけると、公募手続きを始める前に、各支社の社員が地主とじかに会い、日本郵便と取引する意向がないかどうかを確かめるのが決まりだ。日本郵便と取引する意思があれば、支社が借り入れや買い入れの交渉を進め、局長は取得できなくなる。

地主との交渉過程は、支社社員が「対応記録票」に記録する。取引を拒まれた場合には、その理由や事情を「公募実施検討報告書」にも記し、本社を通じて取締役会に報告され、局長が局舎を持つのが「真にやむを得ない」かどうかを判断するための材料となる。

ところが、東海地方の支社社員は地主のもとに姿を見せなくなり、事情を知らない地主は不動産業者との交渉の末に、局長に土地を譲ることで手を打った。手放した土地には2021年、ぴかぴかの郵便局舎が建った。所有者は当の郵便局長で、日本郵便に局舎を貸すことで数十万円の賃料を得ているはずだ。

地主が日本郵便への土地提供を了承していたのに、局長の局舎取得はなぜ取締役会で決議されたのか。支社の社員は対応記録票に何を書いていたのか――。

私は2021年初めから同年夏にかけての取材で、異なる支社で局舎担当を経験したことのある社員2人から、次のような証言を得ていた[*6]。

局長による「押さえ」ができておらず、地主から「日本郵便に土地を譲ってもいい」と言われたときには、聞かなかったフリをした。局長に「押さえ」をやり直させることもあるが、それが難しければ、ウソをつく。事実をねじ曲げ、地主が局長にしか土地を譲りたくないと述べたかのように創作した対応記録票を作成していたという。

つまり、支社も局長に加担し、取締役会へのウソ報告に手を染めていた。その結果、日本郵便の取締役会は、ウソの対応記録票をもとに、局長の自営局舎を認めていたのだ。

取締役会にウソをついてまで、局長の不動産取得を推進する理由は何か。それはお金の流れをたどることで浮かび上がってくる。

地主に損をさせる賃料体系

郵便局長が勤め先から破格の局舎賃料を受け取ることが、まかり通った時代が確かにあった。過去に何度も問題視されていたにもかかわらず、民営化の時点でもまだ、相場より3～4割も賃料が高い契約が珍しくなかった。*7

旧郵政省や郵政公社の管理下では経費に無頓着で、局長たちは局舎を手に入れることで身銭を稼げた。それ一つを取っても、局長にとっては民営化に反対する金銭的なメリットが確かにあったのだ。

民営化の過程で局長の特権が批判され、さらに東証への上場が民営化の前提だったことも踏まえ、2010年以降は、社員である局長から不動産物件を借りるのは原則禁止とし、やむを得ず借りる場合の契約条件も厳しく見積もるルールが整備された。*8

東京証券取引所の上場審査ガイドラインは、企業は特定の相手との取引において不当な利益を供与したり享受したりすることを禁じている。ここで言う特定の相手には、役員だけでなく一般社員・職員も対象になり得る。企業が身内との取引で利益を融通することが許されないのは当然として、身内との取引で企業側が利益を吸い上げることも「搾取」にあたりかねない。

この結果、日本郵便が局長に払う賃料は、局長にとって「得にも損にもならない水準」を模索して設定されるようになった。もうかることがないように賃料を抑える半面、不利益も与えないように、固定資産税や修繕費といった諸経費は会社側が負担し、長期契約を打ち切る場合は投資額の大部分を補償する特約までつけている。

内部資料をもとに、具体的な条件を見ていく。[*9]

日本郵便が局長から土地を借りる場合の賃料（借地料）は、固定資産税の評価額をもとに、計算式によって機械的に決まる。評価額の1・43倍を時価額と推計し、平米単価に応じて決められた利回りで賃料を算出する。時価に対する利回りは、平米単価の高い土地ほど低く、単価が安い田舎ほど高くなる。年2・16％（平米地価単価95・9万円以上100万円未満）から6・54％（同100円以上105円未満）と幅がある。

機械的に賃料をはじき出すため、個々の土地の特性はあまり評価されず、地価の上昇局面では相場より安くなりやすい。局長が地主に払う借地料も日本郵便の設定賃料と同額にするのが鉄則で、地主に対しても機械的に算出された賃料を押しつける。前出の信越地方で局長が安い賃料に固執し、相場と乖離があったのも、こうしたルールがあったからだ。

一方で、日本郵便が地主からじかに土地を借りる場合は、周辺相場や特殊事情も踏まえた賃

局長が郵便局舎を取得するためのポイントを解説した内部資料

料を設定する。相手のいる不動産取引だけに、当然だ。その結果、日本郵便が借りる場合のほうが賃料は高くなり、局長が借りれば安くなるケースも出てくる。[*10]

つまり、日本郵便から見れば、局長が地主から土地を借りるほうが、賃料を低く抑えられる可能性もある。それは同時に、地主にとっては、相場より安い賃料をのまされるリスクがあることを意味する。

局長自身は〝地域密着〟の名のもとに、地主に損をさせてでも自営局舎の実現をめざす。地主の利益よりも、局長の利益と日本郵便の自己都合を優先させたシステムだ。

局長が土地を買い入れて局舎を建てる場合も、局長と地主の利益は相反する。日本郵便が払う借地料の計算は、局長がいくらで土地を買ったかを考慮しない。このため、安く買えば買うほど局長のもうけは大きくなる。
　私が２０２１年6月に取材依頼をした地主の一人、東日本地方の女性は直筆の手紙で、苦しい胸の内をこう打ち明けていた。[*11]
「戦後、懸命に働いて買った苦労の土地なので、手放すことは考えていませんでしたが、役所〈の幹部〉が何度も頼みに来て、役所が買うならと首を下げました。その後、役所から『これからは郵便局と話して』と言われ、郵便局長から『不動産鑑定士の言う金額だ』と言われ、私は何も言わず黙って聞き、契約書に名前を書いて印鑑をついてやりました。金額は誰にも話さず、心の中に入れています。あまりにも安いので」
　これが局長会と日本郵便が掲げる〝地域密着〟である。

本当に甘い汁を吸うのはだれか

　建物の賃料設定についても見ていこう。
　局長が持つ郵便局舎の多くは、新築鉄骨造の戸建て物件だ。その場合の契約期間は原則44年で、賃料は投資額にもとづいて算出される。[*12]
　内訳は、当初20年で建設投資額の9割分を払い込み、その後24年で残る１割分を払い、一定の利回りも上乗せするのが基本だ。ここで言う建設投資額には、設計料や工事期間中の地代相当額、前払い工事代金の金利、印紙税などの諸経費、土地の探索費や仲介手数料といった事務費まで含まれる。

実質的な利回りは、２０２０年の契約で1％台後半に設定されていた。その結果、当初20年の年間賃料は投資額の５％超（表面利回り）で、21年目以降の賃料は激減する。

たとえば建設投資額が５千万円の場合、当初20年の賃料は月約23万円と高額で、21年目以降は月約２万円と異常なほど安い。いびつな賃料設定は、身内の利得を守るために屁理屈を重ねた結果である。

修繕費や固定資産税といった経費は、すべて日本郵便が負担する。日本郵便が途中で契約を解除する場合は、建設投資額の８割のカバーを保証する条件も盛り込まれ、大家となる局長のリスクが低めであるのは間違いない。

契約期間全体で見れば、賃料総額は建設投資額を１１００万円ほど上回る計算になる。これが利益に相当するが、44年分の利益をならすと、平均利回りは年０・５％とごくわずかになる。しかも、これは現金で投資した場合のもうけに過ぎない。

そもそも賃料に利回りを上乗せするのは、局長が借金で局舎を建てることが多いからだ。当初20年で投資額を一気に払い込むのも、ローンの返済期間を20年と想定しているためだ。

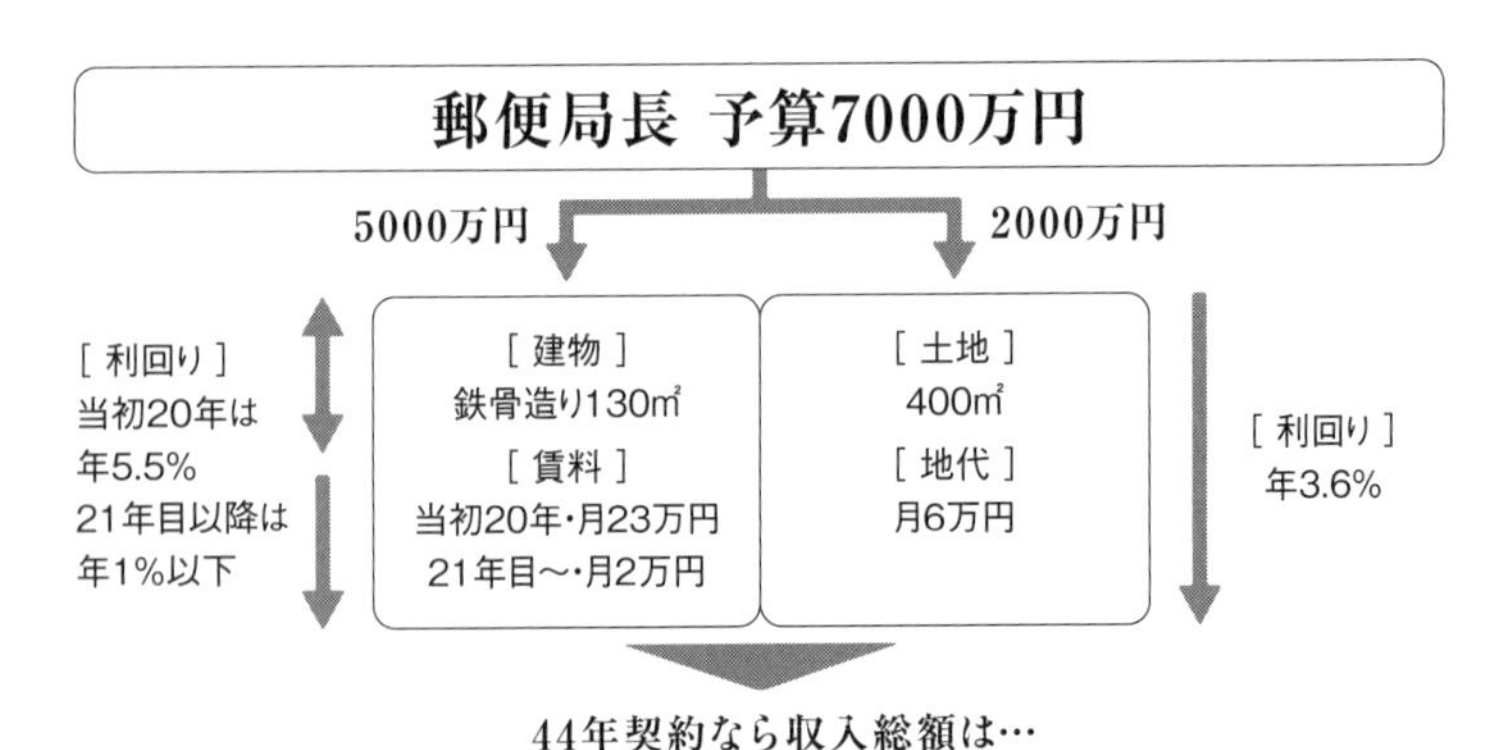

郵便局長による「局舎」投資のイメージ

現金での投資なら、20年弱で投資金を回収し、その後は少額ながら長期安定の収入が得られるとも言える。しかし、投資額と同額のローンを組む場合、金融機関の金利次第でキャッシュフローがマイナスとなる恐れもある。

それでも多くの局長がローンを組んでまで局舎を建てるのは、局長個人のためではなく、甘い汁を吸っている組織が別にあるからだ。

私が調べた２０１８～２０２０年の３年間の移転局舎では、少なくとも２割強の52局の所有者が、全国各地の「郵便局長協会」から計33億円を新たに借り入れていた。金利は年０・８％から、高いもので２・４％と差がある。近年は各地の協会が金利を下げる傾向にあった。

金利を１・２％で試算すると、この３年分だけで年２千万円超の利息収入が新たに生じたことになる。局舎を担保とせず融資する例もあり、実際の融資額はもっと多い。

要するに、局長が借りるお金が増えるほど、各協会に注ぎ込まれる利息収入が増えていく構図にある。元手は日本郵便の賃料であり、取りっぱぐれのリスクは低い。

新築戸建て局舎では、広さなどに応じて4千万〜5千万円程度の上限額が設定される。多くの局長は局長会御用達の設計会社に数百万円の設計料を払い、上限額に近い建設費を投じる。利回りは変わらないが、建設費が高いほど利息収入が増え、局長会側の懐が潤うことになる。無論、日本郵便は無駄に高い賃料を払わされる。

全国に12ある郵便局長協会にとっては、会員による局舎建設は主要な収入源だ。それが自営局舎にこだわる動機の一つに違いない。

ただ、お金ばかりが目当てとも言い切れない。局長会は「選考任用」「不転勤」と並ぶ重要施策として「自営局舎」の推進を掲げている。これらの「三本柱」は〝地域密着〟の前提となる施策とされ、とりわけ自営局舎は選考任用と不転勤の根拠にもなると教えられている。

言い換えれば、局長に局舎を持たせるのは、局長を転勤しにくくする口実を固め、会社の局長人事への影響力を保つ狙いもあるということだ。

どちらにしても自営局舎の推進は、地域や住民のためでもなければ、局長個人のためでもなく、会社のためでさえないことがはっきりした。局長会という組織の利益のために、ルールに反してでも推進されている施策なのだ。

社外取締役をだますスキーム

新型コロナが猛威をふるっていた2021年7月27日、名古屋市のホテルメルパルク名古屋の宴会場で、新たに局舎を建てようという局長42人が集結していた。東海地方郵便局長会が開いた「局舎建築予定者研修」で、「局舎セミナー」とも呼ばれている。*[13]

地方会の担当理事は「局舎建築という大事業に挑む大決断をしていただき、感謝している」と語り、こう続けた。

「東海地方会と支社がとても良好な関係であり、支社店舗担当の交渉力やフットワークも良く、局舎を建てる環境は非常に恵まれている」

複数の局長が局舎建設の体験談を披露したあと、あいさつに立ったのは、当の東海支社の店舗担当課長だ。

担当課長は「今年度は30局を目標にしており、現在は11局まで公募の準備が整っている」と説明し、こう発破をかけた。

「物件を探し始めてから、開局までにかかる期間が約22カ月。長期にわたる総力戦なので、各自が今のステータスを確認し、前に進んでいただきたい」

局長会が平日の昼間に主催したイベントだけに、局長たちは休暇を取得して参加していた。それに対し、担当課長は業務中の参加だった。

日本郵便は私の取材に「会社として自営局舎の推進を図っているわけではない」と言い張った。[*14] だが、日本郵便の説明を信じる気になれるだろうか。

「局舎セミナー」と称した勉強会は、他の地方会でも開かれていた。会社のルールをくぐり抜けて物件を取得するノウハウが教えられる場に、支社の担当者が堂々と参加していた。[*15] 社内ルールの逸脱を支社が黙認しているも同然だ。

各地の地方会が主催する新任局長の研修でも、業務として出席する日本郵便の支社長の前で、局舎担当理事が「チャンスがあれば局舎を持つように」と発破をかける光景が珍しくない。[*16] 支社が局長会と一体になって自営局舎を後押しし、取締役会を欺いていた疑いがある。

東証の上場審査を踏まえて整備した日本郵便の社内ルールは、社外取締役や株主の目をごまかすための道具に成り下がっていた。それを裏付けるトップの発言もある。

2020年1月の全国郵便局長会（全特）の会合で、会長の山本利郎（北陸地方会会長）は「既得権益と見られると困るので、公募制度をつくった」と説明し、こう続けた。[*17]

「局長が求めたところに何とか建てられるように、一緒に工夫しようというスキームをつくり

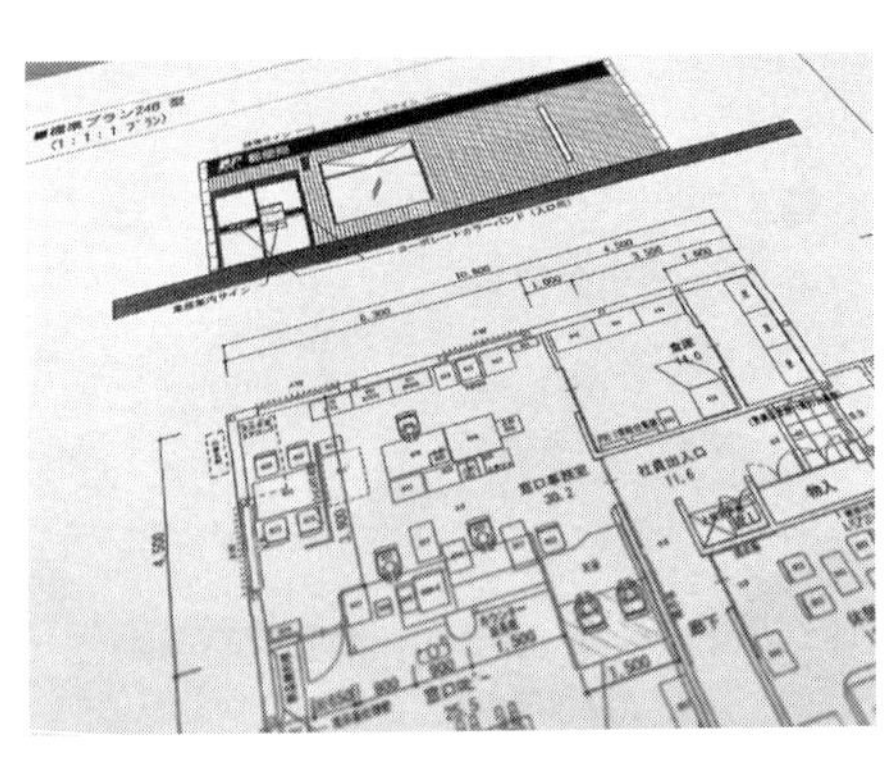

平屋建ての一般的な郵便局舎の設計図面

あげました」

「現場の局長が、ここがいいと思ったところは、できるだけ実現するように知恵を出しましょうという話。公募というのはそういうことです」

「基本的に、各支社の店舗担当は公募する人の意見を最大限に尊重するスキームになっているはずです。『山本がこう言うからお前らもここに建てろ』と言うと問題になるので、そういう流れを理解して土地探しをしてほしい」

全特の教本「礎」にも、こんな記述が出てくる。*[18]

「自営局舎については、民営化当時、一時凍結されていたが、全特からの強い働きかけにより会社側と合意し、自営局舎の設置が進められることとなった。〈略〉新設に限らず、建替え、買取等あらゆる機会を捉えて実現に取り組むとともに、部会・地区会・地方会・全国郵便局長会本部が会社との交渉を含め自営局舎所有を目指す会員を支援することにより、自営率を向上させていくことが重要である」

山本はさらに、日本郵便の社外取締役で郵政事業に詳しくない人間が局舎に関心を持ち、

「なんで局長が局舎を持たなければいけないのだ」と発言することがあると明かし、そうした取締役を説得するために「工夫して構築したシステムだ」とも説明した。

山本自身、休日には地元の北陸3県で、支社の担当部長を連れて物件探しをしていると説明。ヒラ局長が支社にモノを言いにくい場合は、地区会や全特の役員によるフォローやカバーが必要だと説いた。

組織を挙げて自営局舎を推進するため、日本郵便の本社や支社に設けられたのが「タスクフォース会議」と呼ばれる場だった。

複数の支社では、支社の店舗担当者と局長会の局舎担当役員らが定期的に集まり、支社管内で移転が検討されている局舎の情報を共有していた。[*19] 一覧表で配られる紙には、移転予定の局舎について「局長の局舎取得意向」の有無がリストアップされている。その「有無」がなぜ必要なのか。

ある支社の店舗担当者は、こう解説する。

「局長に自営局舎の意向がある場合は、支社は移転先を探さないというのが暗黙のルール。配属されたばかりの社員にも内々に口頭で教えています。局長に対しては、社内ルールを一から教え込み、物件探しを手伝うこともあります。地主との交渉はさすがに局長本人にやらせるが、場所を選んで公募にかけるまで部署を挙げてサポートしているのが実態です」

支社も社内ルールより局長会の意向を優先し、一緒になって取締役会をダマしていたということだ。

話も聞かずに「確認できない」

私は2021年8月から、郵便局舎をめぐる一連の疑惑を朝日新聞で報じ始めたが、その後も不穏な動きは続いた。

さいたま市の大宮駅近くで酒屋を営む80歳の男性のもとに、日本郵便の本支社社員2人が訪ねてきた。2022年4月下旬のこと。近くに所有するコインパーキングの土地を「借りたい」と頼んできた。終活に向けて不動産の整理を考えていた男性には、ちょうどいいタイミングだった。[*20]

ただ、社員2人の後ろには、通り沿いに並ぶ郵便局の局長もついてきていた。ほぼ無言で。すでに不信感がわいていた男性は、その場で返事はしなかった。

不信の理由は、半年前の2021年9月にさかのぼる。

その頃、私が郵便局の移転について近所で聞き込みをしていたのを知った酒屋の男性が、当の局長に「移転するの?」と尋ねていた。日本郵便のホームページ上で移転先を公募している真っ最中だったのに、それを知らない男性に局長は「そんな話はありません」と説明した。そのときはまだ局長を信じていたが、半年後の本支社社員の訪問でウソが判明したのだ。

さらに半年後の社員訪問の数日後。こんどは局長が一人で店に現れ、「日本郵便には土地を貸さないで」と頼んできた。老獪な男性は「頼みを聞いてもいいが、高くつくぞ」と言って追い返したという。

「どうせ出来レースなんだろ」。男性はそう見越して、土地を貸すのはやめにした。

日本郵便は取材に、局長の言動について「確認できない」と回答している。*21 ただ、彼らは地主に話を聞くこともしていない。

不正調査の結果も非公表

日本郵便は朝日新聞の報道を受けて、2021年秋に公募手続きを停止。日本郵政の上場後6年間に局長が取得した約300局を対象に調査を始めた。

2022年6月までの取材で、日本郵便は複数の支社社員が虚偽報告をしていたことは認めたが、「調査中」を理由に詳しい説明をしなかった。*22

調査を始めて約1年後。2022年12月の取締役会で、日本郵便は翌春から公募などの手続きを再開する方針を決めた。[*23] この頃には数十人の社員に軽い処分が出ていたとみられる。

そこで2023年1月、改めて調査結果を尋ねると、不正や処分の件数は「公表しない」と言い出した。[*24] 理由は「第三者がかかわる個別契約なので」。不正などの件数を公表することにどんな支障が考えられるかと尋ねても、広報担当者は「説明できない」と言うばかりだった。

支社社員の虚偽報告については「局長の意向をくみ取って対応した」と認め、「管理者も含めて厳正に対処した」と回答した。だが、上司らがウソを把握していたかどうかや、取締役会にウソをついてまで局長の意向を優先した原因は説明しなかった。

一方で、局長の不正や処分は一つもないと強調する。局長が自分に土地を譲るよう地主に働きかける例があると認めながら、「問題は確認できない」と主張。不正をもとに承認した局長の保有局も、そのまま借り続ける考えだ。

局長会による局舎取得の推進は、不正の一因ではない、と主張している。なぜ違うと言えるのかは、説明しない。会社方針や東証の上場審査指針とは矛盾するが、局長会の施策を今後も容認するようだ。

企業統治に詳しい青山学院大学名誉教授の八田進二は、こう批判する。[*25]

「企業の重要な意思決定プロセスでウソをつくのは背信行為で、懲戒処分に値する。報道で発覚したのに、調査結果を公表しないのはあり得ない。局長会が局舎保有を推進するのは、職務上の権限を背景とした利益相反。十分な説明もせず手続きを再開するなら、公正な調達は期待できない。リスク感覚を備えた社外取締役がいれば容認しないはずだ」

日本郵便の社外取締役には、元読売新聞東京本社専務で読売テレビ取締役副社長の松田陽三、元ＳＭＢＣ日興証券専務で北洋証券会長の軒名彰、政府の審議会委員などを歴任するイー・ウーマン社長の佐々木かをりを含めて計６人が名を連ねる。全員に取材を申し込んだが、誰も応じなかった。*26

日本コーポレート・ガバナンス・ネットワーク理事長で弁護士の牛島信はこう語る。*27

「局長に局舎を持たせる『真にやむを得ない事情』があるなら、日本郵政の株主たる国民に納得できるよう説明すべきだ。説明のつかないものを上場企業グループの取締役会が認めるべきでない。虚偽報告の発覚からは、内部統制が構築できていない疑念が浮かぶ。社内の非常識をチェックする社外取締役が対処し、不祥事の公表のあり方も含めて再検討を迫るべき案件だ」

冒頭の信越地方の事例について、日本郵便はこう回答している。*28

「局長が『土地を貸して』と依頼したのは事実だが、〈支社社員に対する〉証言を局長が〈地主に〉依頼した事実は確認できない」

さらに、局長が土地を譲るよう頼むだけでは、「日本郵便に貸さないで」と相手が受け取らない可能性もあるとして、「会社との契約を排除した根回しではない」と主張している。

信越地方の地主男性は、日本郵便の説明に「何を言っているか、もう理解できないね」と呆れる。[*29]日本郵便はこの地主にも聞き取り調査をしたと主張したが、男性はこう振り返る。

「新聞報道のあと、支社の社員が何かのついでという感じでふらっと立ち寄って、すこし雑談したことはある。でも、局長とのやりとりを質問されることもなかったしね。あれで調査だというつもりなのかね」

かんぽ生命の不祥事では、郵便局員の間で「シラを切れば白になる」という独自ルールが堂々とまかり通った。批判を浴びて現場の局員だけは粛清したが、シラを切り通して厳罰を免れた上司や局長は数多い。同様のルールが社内の別の部署でも、脈々と生き続けているのだろう。保身のためなら取引相手のほうを「ウソつき扱い」して貶める構図も、かんぽ不正と共通している。

総務相の松本剛明は2023年2月28日の記者会見で、「国民に理解いただけるよう説明責任を果たしてほしい」と述べ、日本郵便が自ら調査結果などを説明するよう促した。[*30]そこで私が改めて日本郵便に説明を求めると、調査結果を公表しない姿勢はそのままで、「再発防止の徹底を図る」とだけ回答してきた。メールで届いた回答文はわずか36文字だった。[*31]

日本郵便がやむなく不正と認めたのは、支社社員による虚偽報告だけだ。虚偽のもとは、地主から「日本郵便に土地を譲ってもいい」と正直に言われるケースがあったからだ。

裏を返せば、局長の働きかけを徹底し、社員の前で「日本郵便には譲らない」と地主に言わせる「形」さえ整えておけば、「真にやむを得ない」と今後も認める方針と受け取れる。これでは社内ルールが骨抜きになっている実態は何も変わらない。

ある支社の担当社員もそう理解し、問題発生後に受けた研修内容にこう嘆く。*32

「書類にウソを残すことだけはやめようということ。1年以上も費やしてこれか、とガッカリです。問題の所在をみんな理解できないので、局長会に忖度して社内ルールを無視する本質はこれからも変わらないでしょう」

ウソの勧誘や説明に引っかかって不利益を被ることがないよう、地域の住民はくれぐれも気をつけたほうがいい。

第四章　犯罪続発のスパイラル

公園でバドミントンに興じる集団

気温が30度を超えた2021年初夏の兵庫県尼崎市。戸建てが並ぶ住宅地の公園で、バドミントンに興じる一組の大人たちがいた。滴る汗を拭いながら、何時間もシャトルを打ち合うが、ときおり険しい視線を注ぐ先には郵便局の入り口があった。一味の正体は、日本郵便近畿支社のコンプライアンス部隊だった。*1

調査担当者らが目を凝らして記録していたのは、50歳の局長、新谷忠（仮名）の出退勤時刻だ。自宅の張り込みも並行し、新谷が平日でも1～2時間しか出勤せず、一日の大半を自宅で過ごしていることを数カ月かけて突き止めた。職務専念義務違反の疑いが固まった8月上旬の朝、郵便局と自宅に踏み込み、新谷や局員へのヒアリングを始めた。そのときも新谷は自宅でくつろいでいたという。

複数の支社関係者によると、新谷は自局のナンバーツーである課長代理にIDカードやパスワードを預けていた。郵便局では局長用パソコンのログイン情報が出退勤時間として管理されるため、課長代理らが新谷に代わってパソコンのオン・オフを操作。局長のＩＤカードが必要になるレジや金庫の開け閉めも局員に任せることが多く、日々の現金検査もおざなりだった。自宅から車で通いながら、バスの通勤定期代を長く不正請求していたことも判明した。

局の裏にある倉庫からは、顧客の個人情報が記された資料が大量に見つかった。かんぽ生命の契約内容を照会する書類が多く、十数年前からため込まれていた。ゆうちょ銀行の通帳や印鑑もごろごろ出てきた。郵便貯金の口座開設でノルマが課せられていた頃に、適当に作られたものも含まれる。

新谷は２０００年代半ばに社外から登用され、伯父から局舎とセットで局長ポストを引き継いだ「世襲局長」の典型だ。２０１０年から部会長を7年ほど務め、２０１７年には地区郵便局長会の理事に昇格し、日本郵便で地区連絡会副統括を務めた時期もあった。出世が早かったのは「世襲優遇」のおかげである。

素行の悪さは、以前から有名だった。

近畿支社では２０１４年ごろにも、新谷がほとんど出勤していないとの情報を得て調査したことがあった。そのときは証拠不十分で不問となり、出退勤時間の偽装工作はその後に始まったようだ。

局員を追い込むようになじるとの評判もあり、２０１９年にはパワハラの疑いについても調べた。このときも事態は変わらず、心の傷を負った局員のほうが郵便局から追い出され、地区局長会も新谷の重用を続けた。

コンプラ部門が張り込みをかけてまで証拠を集めたのは、新谷の反論を許さないだけでなく、局長会組織の抵抗に備えるためでもあった。

2022年春、新谷はひっそりと日本郵便を退職した。日本郵便広報室は「懲戒処分は実施したが、詳細は控える」としているが、処分後に自ら退職を選んだとみられる。*2

新谷の郵便局は2021年8月から局長不在となり、2022年4月の人事でも後任の局長は指名されなかった。近隣の局長が持ち回りで局長業務をこなしているといい、尼崎市内の郵便局員は「局長ポストを間引きしても問題はないことがはっきりした」と自嘲する。

ただ、新谷が局舎を保有する「大家」であることに変わりはなく、退職後は土地利用の境界などをめぐる対立が勃発した。これも身内に局舎を持たせるリスクの一つだと言える。

客からだまし取ったお金を不動産・ゴルフ・車に

郵便局長の信用と特権をフル活用した犯罪が発覚した。舞台は、長崎市北部の西浦上駅近くにある「チトセピア」。1991年に開業し、イオンや公民館、ホールも備えた大型ショッピングセンターだ。

その地下1階に入居する長崎住吉郵便局の局長を23年も務めた68歳の上田純一が2021年6月14日、長崎県警に詐欺容疑で逮捕された。容疑事実は、郵便局の顧客男性に対し、高金利の貯金があるとウソをつき、その年の1月25日、貯金口座を解約させて1300万円をだまし取ったこと。被害者の数と被害額はその後、膨れ上がっていく。

上田は1975年に旧郵政省に採用され、1996年3月に父親のあとを継いで長崎住吉郵便局の局長に就任。2019年3月の退職後は息子に局長職を引き継いでいた。3世代にわたる世襲で、息子が局長を務める間も「監査役」を名乗って局内で犯行を重ねた。お金を返してもらえない顧客が2021年1月、ゆうちょ銀行の窓口に相談に出向いたことが発覚の端緒だった。[*3]

日本郵便によると、1996年11月から2021年1月にかけて、「利率のいい特別な貯金がある」などとウソをつき、計62人から12億4331万円をだまし取っていた。このうち約2億7千万円は元金や利子として返し、実損額の10億円近くを日本郵便が補償することになり、1年余りで59人に約8億8千万円が払われたという。

被害者の内訳は、9人が顧客とその紹介、35人がロータリークラブで知り合った知人とその紹介、18人が親族とその紹介だった。1993年に廃止された金融商品「MMC貯金（市場金利連動型定期貯金）」の白紙の証書を使い、現金と引き換えに渡す小細工を施すのが常套手段となっていた。

だまし取ったお金の使い道は、住宅4棟、アパート1棟などの不動産に計1億3763万円、ゴルフや飲食などの遊興費に約7176万円、新車16台と中古車5台の購入に5932万円など。返済分をのぞく6億円超は不明だった。

上田は翌2022年7月、長崎地裁から懲役8年の判決を言い渡された。顧客や知人29人から、2021年1月までの約7年で4億円余りをだまし取った分だけが罪に問われた。[*4]

上田は公判で「命ある限り返済し、償っていきたい」と述べたが、判決までに日本郵便に弁済したのは十数万円だという。[*5]

局長となる者は前任の局長が自ら決め、転勤もさせないという局長会の施策推進が逆手に取られた犯行なのは明白だ。

上田は退職までの約6年間、周辺14局で構成する部会で、コンプライアンスを指導する副部会長も務めた。「表」の会社も「裏」の局長会も、およそ金融商品を扱う組織の体をなしていないことが露呈した。

組織にはびこる腐敗の根本原因を突き止め、抜本的に改革するチャンスだったが、日本郵便にも局長会にもその気はさらさらなかった。

10年で転勤するならボランティアはしない

日本郵便は2021年6月、長崎住吉郵便局での詐欺事件の発覚を受けた「再発防止策」を発表した。[*6]

大きな柱は、転勤を「原則なし」としている旧特定郵便局長について、5年に1度の1カ月間は、他局の局長と入れ替えて業務をさせることだ。局外で顧客から現金を預かることは原則禁止とし、家族同士で局長を引き継ぐ場合は別の局長を一定期間は挟むというルールも導入する。

悪質な犯行が長期にわたった要因は、世襲で指名された局長を同じ郵便局に漫然と置き続けた点にある。局長会が〝地域密着〟のためだとうたう「不転勤」が、顧客の資産をむしり取る犯罪の温床になっている。

ところが、これだけ多額の被害を顧客に負わせても、日本郵便は根本原因にメスを入れず、小手先の対策で済ませることを選んだ。

日本郵便社長の衣川和秀は、年間に3500人の局長が職場を1カ月ほど離れて互いの仕事を点検し合えば、「防犯面で大きな牽制になる」「何か問題があればより気づきやすくなる効果がある」とアピールした。[*7] そんな効果が本当に見込めるだろうか。

じつは日本郵便には以前から、旧特定郵便局長には1年に1度、3日程度は職場を離れさせるルールがあった。2007年の郵政民営化の間際に、局長による犯罪が多発していたことを受けて導入された対策だ。今回はその「離任期間」を長くするものだ。当初の対策でも局長による犯罪を防げなかったことを思えば、効果のほどは知れている。

一般の金融機関では、職員を一定期間内で転勤させるのが大原則だ。同じポストや職場に長くいれば、癒着やなれ合いが生じ、不正や犯罪への誘惑が働きやすくなるからだ。不正や犯罪が発覚しにくい面もある。

日本郵便でも、金融商品を扱う郵便局員には、10年以内に転勤をさせる社内ルールがある。ところが、旧特定郵便局長だけは例外扱いとなっている。金融商品を扱う点は何ら変わらないにもかかわらずだ。

日本郵便が再発防止策を公表した2021年6月2日の記者会見でも、「なぜ定期的に異動させられないのか」という質問が記者から相次いだ。

衣川は「地域密着型人事のいい面はできるだけ残したい」と繰り返した。

では、在任期間が10年を超えなければ果たせない〝いい面〟〝地域密着〟とはいったい何なのか。そう問われた衣川は「地方自治体や地銀との連携、防災士とか消防団とか地元の活動だ」と言い返した。

郵便局長は、10年おきに転勤すると、途端に消防団の活動といったボランティアができなくなるのだろうか。一人で10年以上の歳月を要する自治体や地銀との〝密着〟があるとすれば、それこそ金融機関が避けるべき「なれ合い」ではないのか。

衣川がおかしな理屈を並べ、顧客の保護を犠牲にしてまで守りたいものは何か。その答えはすでに出ている。

横領、収賄、盗撮に器物損壊のオンパレード

郵便局長による犯罪や不祥事は、その後も続出している。

太平洋を望む愛媛県愛南町の深浦郵便局では、30代の男性局長が2021年6月23日、近くの海辺で自ら命を絶った。午後から始まった四国支社による抜き打ち調査の途中、局を抜け出したあとのことだ。

日本郵便の調査では、この局長は1カ月ほどの短期間のうちに2億4千万円を着服していた。[*8] 5月26日〜6月3日に局内で保管する現金約2千万円を横領し、6月7〜23日にはシステムを不正に操作し、自分名義の口座残高を2億2千万円も水増しした。本来は2人で行う現金処理を一人で行い、着服したお金はボートレースにつぎ込んでいた。

続く6月29日には、熊本県天草市の二江郵便局の局長だった43歳の男が、日本郵便株式会社法違反（収賄）容疑で熊本県警に逮捕された。[*9] ２０１８年10月～２０１９年4月、かんぽ生命の顧客情報を横流しした見返りに現金計１１８万円を受け取っていたことが最終的に判明。保険代理店に転職して現金を渡した元郵便局員も贈賄容疑で逮捕された。２人はかんぽの顧客データから、保険契約が取れそうな客を見繕っていたという。

公表されない局長の不祥事も、枚挙にいとまがない。

福岡市では、40代の郵便局長が２０２１年8月26日付で懲戒解雇処分になっていた。[*10] 取材を進めると、6月ごろに自局の従業員用トイレに小型カメラを仕掛けていたことがわかった。実際に撮影したかどうかは突き止められず、盗撮については「未遂」扱いとされた。

佐賀県では２０２１年5月ごろ、親密な関係にあった女性の車を傷つけた局長もいた。器物損壊容疑で逮捕され、局長職を解かれたものの、公表はされていない。

滋賀県では、地区連絡会の副統括局長を務める局長が長年、貨物自動車運送業法に反し、１日70～１００通もの郵便物を事業者から自家用車で集荷。兵庫県でも同様の例が見つかり、国土交通省から行政指導を受けていたことが２０２１年12月に判明したが、日本郵便は自ら公表はしなかった。[*11]

大阪府守口市では、副統括局長だった50代の局長が〝子分格〟の30代の局長とともに２０１

7年8月～2020年8月、会議費やゴミ袋代、私的な飲食費など約165万円を不正請求していたことが判明したが、[*12]公表は遅かった。2人は2021年3月に懲戒解雇、同年5月に告訴され、翌年3月に詐欺容疑で書類送検。50代の局長が日本郵便に無届けでレンタルスペース会社や物販会社を営み、架空の会議費やゴミ袋代を自らの会社に振り込むよう請求していた。守口市の別の局長6人も架空請求に加担したとして停職などの処分を受け、守口市では半数の局長が解任された。

不祥事はその後も続く。

山口県防府市では2022年1月、40代の局長が2018年1月～2021年11月、顧客5人から預かった通帳などを使って計8800万円を貯金口座から抜き出し、自局の金庫などの現金3000万円も着服していたことが発覚した。[*13]口座残高の水増しも含む犯行金額は計1億1600万円で、補てん分を差し引いた実損額は4700万円。2009年から奈美郵便局の局長を務めていたが、2022年2月に懲戒解雇、同年9月に逮捕された。

新潟県では2022年3月31日付で、2人の局長が懲戒解雇となった。[*14]

新潟市の60代の男性局長は2017年5月～2021年10月に45回、計12万8千円分の清涼飲料水を経費で買って親族宅あてに送っていたのが「詐取」と認定され、60歳で受け取った2千万円超の退職金を返還させられた。もう一人は40代の男性局長で、2018年4月以降、経費で買った掃除機や電子レンジ、お菓子など計8万円相当を持ち帰った「横領」が発覚した。

局長による盗撮事件は他にも続発していた。[*15] 2022年秋には京都市内の40代の世襲局長が、自局の休憩室にカメラを仕掛けて盗撮していたとして懲戒解雇に。2023年2月には都内の50代の局長が自局の休憩室で盗撮したとして、都の迷惑防止条例違反容疑で警視庁に逮捕された。いずれも女性局員を狙ったとみられるが、日本郵便は公表していない。

2年足らずで、局長の逮捕やクビ、懲戒処分がこれほど量産されるのは尋常ではない。日本郵便は不祥事の公表基準を都合よく秘しており、隠れた不正が山のように積もっている可能性もある。

私が郵政関連の取材を始めた当初、局長の不祥事に反応して取材していると、「全国に2万人もいれば、多少の不祥事は起きる」とよく聞かされ、確かにそうかもしれないと納得しかけたことがある。でも、万単位の従業員が働く金融機関は他にも多数あるが、これだけ多くの犯罪や不正が短期間に噴出する類例はめったにないのではないか。

経費不正の協力者を局長に採用

不正が握り潰されていたと疑われる事案もある。

日本郵便の九州支社に所属する郵便局長の役職者一覧から、統括局長2人の名前がひっそりと消されていたのを見つけた。2021年夏のことだ。

後任は不在のままで、4月異動が中心の局長人事としては異例のタイミングだ。取材を進めると、福岡市と福岡県筑前西部の地区統括局長が8月中旬に解任されていた。解任理由はともに、会社経費の不正利用があったとして懲戒戒告処分を受けたことだった。[*16]

2人は2019年3月、統括局長に割り当てられた予算を使い、福岡市内のホテルで数十万円分の飲食チケットを買っていた。架空の経費を計上して飲食チケットを購入し、翌年度以降の「会合」に流用していたとされる。[*17] 年度末に使い切れなかった予算をプールしていたとみられるが、詳細は社内でも明らかにされず、数十万円分の飲食チケットが最終的にどう使われたかは確認できない。クビになった前出の新潟県の局長より金額が大きいのに処分が軽いのは、プール金の流用先が「私的ではなく業務目的」だと判断されたためだが、本当にそうなのかは誰も検証できない「ブラックボックス」だ。

2人の経費不正は、処分が下る2年前の2019年にも、本社側へ内部通報が寄せられていた。日本郵便のコンプライアンス部門が調査し、経費の架空計上が確かに行われていたと把握したにもかかわらず、統括局長2人を処分することはしなかった。[*18]

さらに、2人の経費処理に関与したホテルの従業員が2019年秋に局長採用試験を受け、合格して翌年春から局長となっていたこともわかった。不正を働いた統括局長が受け持つ地区内の局長である。

そうした経緯が漏れ伝わった福岡県の局長の間では、「本社コンプライアンス部門がまた不正をもみ消した」との見方が大勢だった。会社が不正を把握しながら処分もせず、その理由すら明かさないのだから当然だろう。

不正がなぜ見過ごされたかは不明だが、過去の通報情報が改めて日本郵政側に届いたことで、調査も再び動き出した。ある日本郵便幹部は「日本郵政側が厳正な対処を求めたのに対し、日本郵便は『決着済み』だと抵抗した」と振り返る。かんぽ生命の不祥事を受けて刷新された増田体制のもと、不正があっても見過ごす「非常識」をなくそうという姿勢がこの時点ではまだ残っていた。

日本郵政社長の増田寛也は２０２１年10月１日の記者会見で、こう認めていた。[*19]

「申告から処分まで時間がかかったのは事実。確認が遅れていたのは否めない。内部からの申告に対する処理が、体制も含めて十分ではなかった。時間がかかりすぎたことは反省している」

ただ、ホテル従業員を局長として採用したことについては、

「処分された局長が採用に関わった事実は確認できず、適切な選考だったと日本郵便から報告

記者会見する日本郵政社長の増田寛也
＝2022年12月23日、東京都内

を受けている」

と説明した。これもウソだったに違いない。

九州支社では、局長会側から2021年秋まで採用試験の推薦者情報を内々に得ていたことが同時期までに判明しており、そのなかにはホテル従業員の名前もあったはずだ。

不正が明快に判明すれば処罰はするが、根本原因にまではメスを入れない。郵政一家の悪習に、いつしか増田も染まっていた。

客の被害よりも組織の利害

全国郵便局長会（全特）の末武晃は2021年6月25日、全特六本木ビル8階の大会議室で開いた役員会で危機感を募らせていた。[*20]

「今の私たちを取り巻く環境は、非常に厳しいと感じている。今まではかんぽの不適正営業の問題といった話をしていたが、ここにきて部内犯罪の状況をみたときに、私たちの組織として命取りになりかねない状況だ」

郵政事業の創業から150年という記念すべき2021年は、局長による巨額の詐欺や横領といった事件で染められた。末武は5月の全特通常総会でも「極めて憂慮すべき状況にある」と訴えたが、その後も犯罪のオンパレードは続いた。

局長による犯罪の続発を組織が恐れるのは、顧客に及ぶ被害が広がることではない。結果として組織の弱体化につながりかねないリスクがあるからだ。

末武も全特総会で、

「このような犯罪が続くことは『選考任用』『不転勤』および『自営局舎』の制度を崩壊させかねない」

と語った。局長が転勤ルールの例外扱いになっていることについては、

「地域との距離が近くなるメリットがあるのに、監督官庁・マスコミからデメリットのみが強調され、犯罪防止のために見直すべきではないかとの意見が散見される」

と警戒心をむき出しにしていた。

末武の説明では、局長の犯罪は2016～2019年に年1件の計4件だったのが、末武の就任後は1年1カ月で7件も発覚した。以前は犯罪があっても表沙汰にしないよう隠していた

組織風土が、多少なりとも変わってきた影響もある。

末武は２０２1年6月23日の新任の地区会長研修で、こうも語っていた。

「生活が乱れている会員がいないか、投機的な資産づくりをしている会員がいないか、孤立している会員や気になる行動をしている会員がいないかなどの情報を、会員との対話を通じ自ら入手するだけでなく、部会や地区の役員を介し体系的に入手し、必要な対応がとれるよう連携をお願いしたい」

相互監視を強めることで、不正や犯罪の芽を早めに摘もうという考えだ。

続く6月30日には、全国の地区会長を集めた「緊急防犯会議」を都内で開いた。日本郵便のコンプライアンス担当役員を呼んで犯罪の発覚状況について説明させたのち、全特が7月中に決める施策を推進するよう求めた。

全特が新設した「防犯ＰＴ」は、各地方会からの提案や役員会での協議を踏まえ、「犯罪撲滅のための全国統一施策」を取りまとめた。その中身は、地方会役員と地区会役員による「対話、点検、指導の強化」。局長登用予定者に債務状況を確認することも追加したが、それが実際にどこまで実施されたかはわからない。全特もその後、幹部らが関わるカレンダーや顧客情報の流用問題への対応に追われて詐欺や横領どころではなくなっていった。

統一施策の前提となる犯罪は、詐欺や横領といった刑罰の重いものが念頭にある。だが、実際には経費を不正に使い込む例や、金銭以外の犯罪や不正も頻発し、その一部には局長会の役員らが関わっている。当の役員が反省もなく点検や指導をしても、改善が見込めるはずがない。

長崎市の詐欺事件の発覚を受けて開かれた２０２１年４月の臨時役員会では、出席者からこんな意見も出ていた。

「会社の任用が緩くなった。会社が入り口でしっかり調査する必要がある」

この意見が示唆するとおり、多発する局長の犯罪と不祥事は、局長人材の質の悪さにも起因している。ただし、その局長を選んだのは会社ではなく、局長会自身である。深刻な人材レベルの低下は、局長会に頼りっきりの日本郵便の人事システムそのものの限界を端的に表している。

２０２３年2月にも、埼玉県川口市の30代の男性局長が懲戒解雇となった。[*21] ２０２２年４～12月に私用のエアコンや電動ベッドを経費で購入したほか、架空の領収書で約90万円を請求するなどして計１１５万円を詐取。ほかにも私的な物品購入などで約１１０万円を不正に使い込んでいた。２０２０年４月に社員から登用された3年目の局長だった。

末武は新たな不祥事の発覚を受けて、「郵便局を預かる局長として倫理観が欠如した恥ずべき、あるまじき行為であり、非常に大きな憤りを感じている」とのメッセージを会員向けに発出した。[*22] だが、怒っている場合ではない。全特トップとして、やるべきことがある。

局長の採用制度とともに、能力本位ではない評価や昇格・昇給、役職選任の仕組みまで抜本的に見直さない限り、負のサイクルを止めることはできない。

第二部

源流

150年を超える旧特定郵便局の歴史は、明治初期に地方の名士が私財を無償で提供し、郵便局網の拡大に一肌ぬぐところから始まった。その史実を頼りに、日本経済の繁栄は「特定郵便局長のおかげ」という自負と自尊心を育み、独自の歴史観を形成。批判をはね返し、世襲で引き継ぐ利権を守り抜くことが、政治に接近して選挙にも傾倒する動機だった。

小泉郵政改革で一敗地に塗れたが、民営化の針を巻き戻すことに奔走し、郵便サービスそのものよりも「郵便局数の維持」を重視する法改正を実現させた。それは政治にものを言わせた成功体験であると同時に、組織の統制が崩壊していく始まりでもあった。

民営化して上場もしたことで、不正や極端な利益誘導が難しくなった。局長個人が享受できる利得は小さくなり、世襲が減って社員からの登用が増えるうち、組織力をただ維持することが目的化した。一握りの幹部だけがうまい汁を吸える構造に変わり、腐敗で組織が蝕まれていく。

第五章　自己愛と被害者意識の局長史観

日本の発展は特定局長のおかげ

1993年に全国特定郵便局長会（当時、全特）が作った「読本『特定郵便局長』」。発刊から30年が経過した今も、各地の後継者育成の現場で「研修資料」として使われる一冊だ。前書きにも「本書を座右の書として、あるいは研修の資料として」活用するよう勧めている。[*1]

郵便局長の視点から郵政事業の歴史を描き直した〝座右の書〟。その冒頭は、こんな高尚な一文から始まる。

「特定局は制度的には、中央集権と地方分権を合わせ持つことによって国家と市民に奉仕してきた。その思想的な流れは土着性の思想的系譜のもとに偏重したイデオロギーなきコモンセンスを基軸として、ムラ社会に機能してきた」

「地域の情念と理性のないまぜた歴史的結実が特定局長であり、そのしくみが特定局制度である、と理解すれば自ずからその像が彫琢される」

仰々しいイントロに続き、歴史の概略が描かれている。

「人は水無くしては生きられない。また、人は単なる水ではなく、〝おいしい水〟を求める」

「特定局長は、明治以来、地域社会の人々に三事業を通じて、更にそれ以上の貢献によって、特定局長の意見、行動は地域の人々の意見、行動の集約となってきた。さらに、郵便ネットワークを通じて人々の心と心の交流の媒介者として、また、貯金、保険を通じて目先だけでなく生涯を通じての人生設計を立てるという思想を人々に植え付けてきた先達者として、戦後は日本復興には地味ながら郵便貯金・簡易保険資金の地域社会還元による潤いのある近代社会形成に貢献してきた」

「いわば〝おいしい水〟を奉仕の精神によって、地域に提供し続けてきたのが特定局長である」

要するに、特定局長の「貢献」が地域の人々に「心の交流」を与え、貯金や保険に対する理解を広め、ひいては日本社会に近代化をもたらした、というのだ。特定局長がいなければ、日本人は〝おいしい水〟など飲めていなかった。明治初期からの近代化も、続く戦後の復興や高度経済成長も、清廉潔白な特定局長の「奉仕」に支えられて実現したものだったのだ。

ところが、そんな貢献や実績を顧みることもなく、局長の特権への批判が出てきた。日本経済の発展を担った自分たちが、なぜ虐げられなければならないのか――。

鮮烈な自己愛と被害者意識に彩られた「局長史観」。その源流をたどる。

国から給与を受け取る「名誉」

特定郵便局の歴史は、「郵便の父」と呼ばれた前島密が明治初め、英国の制度をモデルにした郵便事業の黎明期にさかのぼる。

1871（明治4）年にスタートした日本の郵便制度は、資金力の乏しい明治政府に代わり、地方の名士から協力を得て郵便局網を築いた。庄屋などを営む名士たちが「郵便取扱人」に任命され、自宅などの私財を提供して「郵便取扱所」を設置。手当が少なくても、国から給与を受け取って「役人」のように扱われることがこの上ない「栄誉」に思えた時代だった。おかげで翌1872年末には約1159カ所、1874年末には3244カ所の郵便取扱所ができていた。[*2]

1885年に逓信省が創設され、郵便取扱所は役人が運営する郵便局と区別されて「三等郵便局」と名付けられた。「渡切費」という名の必要経費を国から受け取り、自ら従業員も雇って局の経営を切り盛りする形態になった。先端のフランチャイズ形式とも言えるが、渡切費が不十分で身銭を切らされ、物価高にも見舞われて郵便局の経営は多くが厳しかったという。[*3]

郵便貯金は1875年から、簡易保険は1916年から提供が始まった。戦争を重ねて国の財政が厳しくなると、貯金と保険は戦費を集める道具と化し、郵便局網は戦費調達の「歯車」

へと変質していく。

局長組織は1874年の郵便取扱役組合を皮切りに、1877年ごろに郵便事務研究会、1885年に郵務研究会、1894年に三等郵便局長協議会、1913年に三等郵便局長会へと変遷。1941年1月に三等局の名前が「特定郵便局」となり、太平洋戦争まっただ中の1943年4月に「特定郵便局長会連合会」が発足した。

以前は煩雑な業務の「自主的勉強会」だった局長組織は、戦時体制へ移る過程で、1万3千近くに増えた特定局の指示系統を徹底するための組織となった。任意だった局長会の設置は強制に変わり、会長は国から任命されるなど、局長会活動も国家統制の一部に組み込まれた。局長らが奨励して集めた貯金は、多くが終戦後のインフレで価値を失い、家計に深い傷を負わせた。

1946年7月に全国特定郵便局長連合会が設置され、1947年12月には全国特定郵便局長会として各地の局長会が集約された。だが、法的根拠もなく補給金を受けているとGHQ（連合国軍総司令部）から問題視され、1950年7月には解散を命じられた。

解散命令の直前まで全特副会長を務めた大森俊次は、こう記している。[*4]

「明治初年このかた、父祖から受けついだわれわれの大事なものが、音をたてて崩れていく。占領行政という不自然な権力が押し倒すのだ。偏見と無理解、異常な自意識過剰、これらが重なり合って、ぶつかってきたのだ。いま、局長会は、ひとたまりもなく崩れ去ろうとしている」

これが局長会の性格を形作る大きな「挫折」だった。

特定局に対する監督機能を要した郵政省は、1952年に「特定郵便局長業務推進連絡会（特推連）」を設置した。だが、官制では納得がいかない局長たちは、日米講和条約の発効でGHQの命令が無効になったのを見て、1953年にほぼ元通りの自主的団体として「全国特定郵便局長会」を復活させた。「表」と「裏」の組織による二重統治の構造は、この頃から始まった。

組織化を急いだのは、また別の危機に直面していたからだ。

救世主になった田中角栄

局長会が熱心な政治活動に取り組むきっかけは、1946年5月に結成された労働組合「全逓信労働組合（全逓）」による激しい攻撃だった。[*5]

全逓は特定局長の特権批判を展開し、第1回全国大会で「特定局制度撤廃」の方針を重要項目に位置づけ、活動を活発化させていた。

「さきに占領軍当局の逆鱗にふれ、かかる団体に国家の人件費、物件費を支出することはできないとして解散させられたにも拘らず、いままたこれを復活させようと企画している」

そんな見解が新聞で公表されたこともあったという。１９５５年の「点検闘争」ではとくに激しい集団抗議が各地でわき起こり、退職や自殺に追い込まれた局長もいた。

だが、虐げられる体験は、組織の結束を強めていく。読本には、こう記されている。*6

「全逓という外部からのいかなる圧力にも特定局の制度、組織は動揺することはあっても屈することはなく、むしろ、その圧力に対し、却って内部結束し、全国の特定局長の団結力は強化されていった」

「特定局制度は、単に形だけの制度ではない。長い歴史の試練の中で培われ地域の人々の心と共に、郵政事業の理想のあり方の表現として存在しているのである。一勢力の一時的な力によってつぶれるような弱い制度ではないことが証明された」

この一節に通底する「被害者意識」が組織の性格を形成し、その後の集団行動へと導く原動力にもなった。局長会はこの間、全逓に対抗する形で自民党との結びつきを強め、郵政キャリアを組織内候補として立てて選挙運動へとのめり込んでいく。

１９４８年から、特定局長は国家公務員の一般職に位置づけられた。兼職が原則禁止となり、それまで地方議会の議員を兼務していた１０４３人が議員を辞職した。議員との兼職や後任局長の指名、不転勤が可能となるように、特定局長を特別職とする自民党の議員立法が1956年に提案されたこともあったが、さすがに実現することはなかった。[*7]

身内からの特権批判に対し、組織にとっては救世主とも言える後ろ盾となったのが、1957年に戦後最年少（当時）の39歳で郵政相となった田中角栄だ。

特定郵便局の是非を議論する「特定郵便局制度調査会」が田中の就任直前に設置され、調査会が翌1958年1月に出した答申は「特定郵便局の制度は、これを認める」との結論を示していた。

中身をよく読めば、局長ポストの「世襲」を認めたわけではなく（あえて否定もしなかったが）、局長会が求めた市町村議会議員の兼職は否認し、局舎は借り入れを認めつつ局舎料の適正化を求めている。局長会の要望をすべてかなえる内容ではないが、それでも局長会は大喜びで答申を〝錦の御旗〟にして振りかざすようになる。

郵便局の数はそこから飛躍的に増え、1960年代後半には2万局を超えた。

その間、局長たちは戦時下と同様、郵便貯金や簡易保険で国民の資金を集める「集金マシン」として奔走し、「集票マシン」としての力も田中派の選挙にフル稼働させた。選挙では局長OBや夫人会でつくる政治団体「大樹」を前面に出したが、局長たちが選挙を「第四の事業」と呼んで駆けずり回るのは公然の秘密となっていた。

局長が国民から集めたお金は大蔵省に預託され、「財政投融資」として道路や鉄道などの公共投資につぎ込まれた。郵便局の増加にも押されて膨れ上がる財政投融資は、「列島改造ブーム」とともに高度成長を支えた半面、のちに無駄な公共事業や特殊法人の放漫運営も招き、身を削る改革を迫られる根拠にもなった。

民営化への抵抗運動

郵政事業の経営形態が公の舞台で初めて議論されたのは、1968年に浮上した「公社化構想」だという。[*8]

鉄道（運輸省鉄道局）や電気通信（電気通信省）、たばこ（大蔵省専売局）が1949年から1952年にかけて公社となった。それから、遅れること十数年。郵政大臣から諮問を受けた郵政審議会が「公社化は採用に値する」と答申したのが始まりだったが、このときは金融業界の反対もあって前進はしなかった。

その後の金融自由化の議論を背景に、1981年設置の臨時行政調査会（第二臨調）が答申で「郵便貯金事業の経営形態についても再検討すべきものと考える」と指摘していた。

鉄道と電気通信、たばこの3公社は1982年に民営化が決まり、1985〜1987年に民営化（＝株式会社化）されていった。だが、全特は1989年になってもなお、全国研修などで「民営化反対、現経営形態維持」の意識統一を徹底していた。経営形態を変えさせないために、「地域対策」「世論対策」「人材の導入」「特定局制度理論の構築」が必要だと説いていた。

局長会の読本には、こう書かれている。

「郵政事業が民営化された場合、三事業は分離、郵貯は分割されることが考えられ、三事業一体を基本とした全国組織により維持されている特定局制度は解体に至るであろう」

民営化に向けた時計の針は、1996年発足の橋本内閣のもとで本格的に動き出す。

政策の目玉となった省庁再編を手がける行政改革会議は、1997年9月に示した中間報告で、郵政事業は「簡易保険は民営化」「郵便貯金は将来民営化」「郵便は国営維持」との方針を明快に打ち出した。

全特の歴史には、こうつづられている。[*9]

「全特は一丸となって巻き返しを図り、国会議員・地方議会議員・地域の方々に対し民営化の弊害・3事業一体堅持の必要性を訴え続ける活動を全会員が徹底的に展開した」

全特の巻き返しが功を奏し、4カ月後に公表された最終報告では民営化の方針が撤回され、郵政事業は「公社化」とすることが明記された。職員の身分は国家公務員のまま変えず、郵便・郵貯・保険の3事業は一体のままで運営されることになった。さらに全特の執念を映すよ

「全特会歌」が刻まれた石碑。
東京・六本木の全特ビルの前に鎮座している

うに、翌1998年に成立した中央省庁等改革基本法では、民営化論の復活を防ぐ目的で「民営化等の見直しは行わない」とする条文まで盛り込まれた。[*10]

郵政民営化の旗振り役だった東洋大学教授の松原聡は、「国家公務員という『身分』へのこだわりが、公社化を遅らせた大きな原因だった」と分析している。[*11] 不採算地域でネットワークを維持する義務を課せられた点は鉄道事業も同じで、事業の独占は電気通信でも認められている。結果的に郵政公社化が他の3公社と大きく違うのは、職員の身分が国家公務員であり続けるかどうかという点だからだ。

橋本行革の決着をみた全特は、郵政民営化の議論に終止符が打たれたと胸をなで下ろした。だが、約束をあっさりと反故にして、民営化を蒸し返す男が現れた。2001年1月に郵政事業庁が発足した3カ月あまり後、首相の座に上り詰めた小泉純一郎だ。

小泉改革は民主主義を破壊する「暴挙」

「小泉首相が常々訴えていた持論が『郵政民営化』であり、『郵政民営化は、私の内閣だからタブーではなくなった』と言い放ったのでした。この時から『郵政民営化問題』が再び動き始めたのでした」

全特で理事や副会長、会長を歴任し、2013年に参院議員となった柘植芳文が、著書でそう述懐する。[*12]

先行きが不透明な経済不況や相次ぐ官僚の不祥事が、日本社会に閉塞感を漂わせ、鬱屈した国民を小泉政権の改革フィーバーの支持に走らせた原因だと、柘植は考えていた。

折しも小泉政権の発足直後から、郵政事業は全特主導の選挙で大量の逮捕者を出す事件に揺さぶられていた。

2001年7月の参院選で、元郵政キャリアの高祖憲治（こうそけんじ）が自民党の全国比例で2位となる約48万票を集めて当選したが、当選翌月には現役の近畿郵政局長を含む16人の郵政関係者が公職選挙法違反（公務員の地位利用）容疑で逮捕。高祖は9月に議員辞職に追い込まれた。

日本経済にとっての「郵政民営化」の焦点は、郵便貯金と簡易生命保険で合わせて350兆円に上る巨額資金の行方だった。その点、資金を安定的に運用できる財投預託制度が2001年に廃止され、郵政公社はすでに国債中心の運用に移行していた。金融2社の民営化でむしろ問われたのは、政府関与を残して公的金融の道を探るか、完全に民営化して民間並みの自由な経営をめざすかだ。

だが、全特はそんな議論を深めることよりも、自分たちが国家公務員であり続けられるかどうかが関心事で、そのための闘争に精力を注いだ。栢植はこう記している。

「髙橋正安全特会長が、民営化反対運動がままならない状況に対し失望感漂う全特の会員を鼓舞し、先頭に立ち力強い指導力を発揮し、組織として、粘り強く、時には激しく『理念なき郵政民営化』に断固反対する運動を繰り広げていました」

民営化に向けた議論のギアを徐々に上げていく小泉政権に対し、全特は2004年5月の札幌総会で、「民営化反対アピール」を採択した。翌年5月の大阪総会も「理念なき郵政民営化断固反対総決起大会」と位置づけ、最後まで闘い抜くことを宣言。「STOP！　郵政民営化」キャンペーンと題した反対集会やデモを全国で繰り広げた。

2005年6月14日の東京・日比谷公園野外音楽堂には、特定郵便局長夫人会のメンバー3

千人が結集し、国会議事堂まで約1キロの道のりをデモ行進。衆参の両議長あての請願書で「130余年にわたって継いできた歴史と伝統と文化を切り捨てないでください」と訴えた。

当時は地区会長だった元全特会長の山本利郎(としろう)は、組織の会合でこう振り返っている。[*13]

「各地区会長あるいは副会長が毎週のように国会議員の地元事務所に行って陳情し、月に1回は東京の事務所に行って陳情する。民営化法に反対するようにと、ずっとお願いし続けてきたのです。東京でデモ行進を3回も4回もしました」

決死の抗議活動が続くさなか、小泉政権が国会に提出した郵政民営化関連法案は、7月5日の衆院本会議では5票差で可決されたものの、8月8日の参院本会議では17票差で否決された。

だが、全特が達成感に浸る間もなく、小泉政権は「議会制民主主義を破壊するような暴挙」(山本)に打って出る。衆院を解散し、こう宣言したのだ。

「郵政解散です。郵政民営化に賛成か反対か、はっきりと国民に問いたい」

小泉が法案採決で造反した議員に刺客を送り込むのに対抗し、局長会は造反した議員を支援する全面対決に挑んだが、結果は小泉の圧勝だった。

郵政民営化関連法は2005年10月に可決・成立し、日本郵政公社は2007年10月に民営化して4事業会社に分社することが決まった。

全特の政治力も失速するかに思われたが、それもつかの間に過ぎなかった。

公社トップからの「宣戦布告」

民営化を翌年に控えた2006年12月20日。東京・霞が関にあった日本郵政公社の記者会見室で、総裁の生田正治が悔しさをにじませていた。[*14]

「日本が近代国家になる過程で廃藩置県があり、中央政府の統治で競争力を強めた。郵政維新のための改革は廃藩置県にならず、藩政に戻ったように見える」

生田は公社が発足した2003年に、小泉純一郎の指名を受けて初代総裁に就任した。グループ全体をスリム化し、郵便部門を中心に業務の効率化を進め、任期4年の最終盤に手をつけようとしたのが特定郵便局の改革だった。

生田が2006年1月に公表した「郵便局改革マスタープラン」には、普通郵便局と特定郵便局の垣根をなくし、指示系統を一本化させることが盛り込まれた。生田は特定郵便局長の実質的な人事権も、各地の局長会（藩）から会社（中央）に移そうと考えていた。[*15]

さらに、特定局長の定年が一般社員より5年も長く、転勤は免除され、手当も多いなど、いくつもある優遇策をなくし、一般社員と同様の雇用形態にそろえようと、全特との交渉に着手していた。

だが、このプランは全特には「局長会つぶしの施策」に映り、「全特への宣戦布告」にほかならなかった。[16] 交渉が一定程度は進んだが、道半ばで座礁した。そのとき永田町は、郵政改革の後ろ盾だった小泉純一郎が２００６年９月に首相を退き、第１次安倍晋三政権の発足が決まったタイミングだった。

首相交代の数日後、局長会との交渉は、元三井住友銀行トップの西川善文（よしふみ）が社長を務める準備会社の日本郵政に引き継がれた。すると途端に交渉が決着し、日本郵政は２００６年11月に新たな基本方針を発表した。その中身に対し、これでは局長会の権限が温存される、と強く危惧したのが生田だった。

日本郵政の新方針は、表向きは「特定郵便局長制度」をなくす姿勢を装ってはいたが、地域・地区グループを束ねる組織を新たにつくることも明記していた。[17] 現場の局長が主体となって内部調整や営業活動を仕切る組織だとされ、従前からの組織がただ名前を変えて残る恐れが強かった。不都合があると名前を変えてごまかすのは、郵政一家の常套手段でもある。

日本郵政は当時、局長の採用は「幅広く適切な人材を登用」し、転勤は「必要な異動を実施」すると説明していた。定年は一般社員と同じ60歳に引き下げるものの、経過措置期間をつくり、65歳までは再雇用で働けることにした。

日本郵政社長の西川善文は民営化直前に出版した自著で、「私と日本郵政が〈改革を〉『骨抜きにした』とか『つぶした』とかいう批判は、まったくの誤解」と猛烈に反論していた。[18] 局長の採用は能力本位で支社や本社が判定し、連絡会や部会を地区・地域グループに変えることで二重の指揮命令系統も改善するとも主張した。

しかし、生田の改革方針が「骨抜き」にされ、見事なまでに潰えたことは、結果からも明らかだ。15年以上が経過したいま、名前を変えたはずの「地区会」や「部会」は、ほぼ元通りの名称に戻った。局長の採用は依然として局長会が圧倒的な権限を握り、転勤はいつからか「原則なし」（日本郵便社長の衣川和秀）と説明されるようになった。現場の実態が民営化前とほとんど変わっていないことは、後述する日本郵便の人事担当課長も認めている。

生田の改革が阻まれたのは、局長会の集票力に目がくらんだ政治の影響が大きい。

菅義偉が総務行政の表舞台に立つのは、２００５年８月の郵政選挙をへて発足した第3次小泉改造内閣で、旧郵政省を所管する総務副大臣に抜擢された頃からだ。郵政民営化の急先鋒で学者出身の総務相、竹中平蔵の後を継ぎ、翌２００６年９月発足の第1次安倍政権で総務相に就いた。

安倍晋三は第1次政権の発足直後から、民営化に反対して除名や離党勧告処分となっていた郵政族議員を、自民党内の反対も押し切って続々と復党させた。菅は表向きは郵政民営化を推進する立場を貫き、政権の意に背いた議員の復党には反対だったが、局長会の票を当てにしていた点では安倍と一致していたとみられる。

菅は総務相として久しぶりに全特の総会に出席するなど、組織と決裂した小泉政権とは対象的に、郵政民営化の巻き返しを図る集票マシンへの配慮を隠さなかった。西川も退く小泉より、任期が重なる安倍や菅に気を使わざるを得なかった。

郵政民営化の半年前の２００７年春、生田も公社総裁の座から下りた。公社として残る期間は、日本郵政社長の西川が総裁を兼務した。特定郵便局の改革に意気込んだトップが追い出された構図だが、このときの人事は自分が決断したものだと豪語していたのは、のちに郵政行政の実権を握る菅自身だった。[*19]

民間トップへの「面従腹背」

２００７年5月20日。広島市で開かれた全特総会で、郵政公社総裁を兼ねる日本郵政社長の西川善文がスピーチを終えると、１万人を超える局長から万雷の拍手がわき起こった。[*20]

西川は壇上でこう力説した。

「民間企業の力の源泉は、まさに現場にある。企業の中でも、お客さまに近い部署ほど発言力があるというのがふつうです。これが現場力というものです。したがって私は、日本郵政グループの中でも、郵便局会社が最も鍵になる存在だと考えています」

民営化を推進する小泉政権の差し金のようにみられた前年の総会で通り一遍の拍手しか出なかった状況とは「雰囲気が180度変わったな」と、西川自身も手応えを感じた。西川のもとには総会後、「総会は非常に盛り上がった」という手紙が局長たちからいくつも届いたという。

前年に決着した全特との交渉には、一部の特定局に残っていた集配業務をなくすことにあわせ、余分なスペースができる特定局物件の買い上げや賃料の引き下げといった難題も含まれた。西川は全特との交渉が決着した経緯を自著で振り返り、「解決のカギは信頼関係です」と強調した。現場の力を信頼し、期待もしていると訴えていくうちに、当時の全特会長が「西川さんが言うのだから、君たちも言うこと聞けよ」と会員に言ってくれるようになったのだという。

だが、そうした全特幹部らの態度もまた面従腹背だった。

2009年に全特会長に就いた柘植芳文は、西川の後任として社長になった元大蔵事務次官の斎藤次郎が就任会見で「極めて公益性の高い事業である」と述べたことについて、「民営化以降、経営者から『公益性』という言葉を初めて耳にし、『公の魂』がよみがえってきたのだと感激した」

とつづった。[*21] 民営化後のただ一人の経営者である西川への皮肉が込められている。

西川が社長を務める間に進めた郵便局での改革や変化も、多くが批判の的にされた。それは西川という民間経営者の否定であると同時に、民営化そのものの否定でもあった。

サービス悪化は「民営化のせい」

柘植芳文は民営化当初の認識を、こう振り返っている。[*22]

「時が経つごとに、小泉・竹中路線による郵政民営化というものの本質がわかってきました。それは決して国民のためではなく、特定郵便局長の排除であったことが明白になった。バブル崩壊時に悪乗りし、時代認識を誤った〝時の指導者〟により、日本の形づくりを『新自由主義経済』として大きく誤ってしまった。不幸にも、その中に郵政事業の民営化が組み入れられてしまいました」

２００８年5月に名称を「全国郵便局長会」に改めた全特は当時、「民営化でサービスが低下している」と訴えていた。根拠の一つとしたのが、２００８年2～3月に実施した局長約1万8千人へのアンケートだ。

局長たちが訴えたのは、①本人確認の書類などが増えて煩雑になった（92％）、②郵便局のサービスが悪くなった（74％）、③郵便局の客が減った（60％）、④客の待ち時間は15～30分ほど増えた（87％）、ということだ。

だが、民間金融機関ならごく一般的な手続きを「煩雑」と感じるのは、民営化前の手続きがいい加減だったからだ。民間並みの「本人確認」を導入した途端、利用者が減って待ち時間が延び、サービスまで低下したとなれば、それは窓口に立つ局長や局員の業務能力の問題が大きいはずだが、それを全部「民営化のせいだ」と言い張ることに躊躇はない。

2009年1月31日、東京・中野の「中野サンプラザ」。平時は身内で組織の課題を議論する「地区会長等会議」に、国民新党代表の綿貫民輔や代表代行の亀井静香、幹事長の亀井久興、副代表の自見庄三郎、全特顧問の長谷川憲正が顔をそろえた。さらに民主党からも代表の小沢一郎、代表代行の菅直人、幹事長の鳩山由紀夫にネクストキャビネット総務大臣の原口一博らも集結した。

その場で採択された「1・31東京宣言」を、副会長だった柘植は高らかに読み上げた。

「正に『決戦の秋（とき）』を迎えた。最後のチャンスである。会員の団結を一層強化し、地域に輪を広げ、あらん限りの力を振り絞り、闘い抜こうではないか。国民新党、民主党との政策合意をより確かなものとし、来るべき総選挙で勝利することにより政権交代を実現し、郵政民営化抜本的見直しを断固勝ち取らなければならない」

総選挙を3カ月後に控えた2009年5月の全特千葉総会で、「総選挙にすべてのエネルギーを集中する」ことが事業計画書に明記され、「政権交代を果たし、郵政民営化の抜本的見直しを実現する」との方針が掲げられた。

柘植はこの総会で全特会長に就任し、総会後の記者会見で語った。

「目標はただひとつ。総選挙という一大決戦でなんとしても政権交代を勝ち取って、政治の場で決着を見たあの郵政民営化を、もう一度政治の場でしっかり国民利用者のために決着をつけてほしいということである」

全特としては、国民新党の選挙を全面支援し、民主党とも友好関係を築く。断絶状態の自民党との復縁はあり得ないが、自民党で反旗を翻して民営化に反対した議員は個別に応援していく方針だった。総選挙では国民新党の公認候補に加え、国民新党が推薦する民主党や社民党の候補、さらに民営化に反対して自民党を追われた候補らの支援に走った。

民営化で国家公務員の資格を失ったのと引き換えに、堂々と選挙運動に励めるようになって初めて迎えた国政選挙でもあった。柘植が著書でつづる。

「会員は、あの夏、必死の気持ちで朝早くから夜遅くまで選挙活動を支えてくれました。候補者のチラシを各戸へポスティングする。ポスター貼りをする。駅前に立って道行く人たちにチラシを配る。街宣車に乗ってマイクを握り、応援演説をする。今回は堂々と表に出て、形に見える選挙を行いました。結束力の強さは、後援会などの地方組織が弱い民主党候補者から『こんなにしっかりした組織は見たことがない』とまで言われたほどでした」

長く裏に隠れていた郵便局長の政治活動が、いよいよ表舞台に出た瞬間だった。局長会の支援も追い風に、民主党による政権交代が実現した。

要望を丸のみした民主党政権

政権の座をつかんで浮足立つ民主党は、全特の要望を丸のみし始めた。

政権の発足に先立ち、２００９年9月9日に民主党と社民党、国民新党で結ばれた3党連立政権合意書には、「郵政民営化の見直し」が盛り込まれた。そこには、郵政3社の株式売却を凍結する法律の速やかな成立や4分社化の見直しといった項目も刻まれた。

9月16日発足の鳩山内閣は、国民新党代表の亀井静香が郵政改革・金融担当大臣に、民主党の原口一博が総務相に、そして全特顧問の長谷川憲正は総務大臣政務官に就いた。柘植は自著でこう絶賛していた。[*23]

「郵政見直し改革に最高といえる布陣が敷かれました。これは小泉・竹中構造改革の本丸とされた郵政民営化は間違っていたと政治の場が認め、郵政事業をゼロからもう一回見つめ直し、真っ向から改革するという政府の強い意思の表れだと心強く感じました」

鳩山政権は10月20日に郵政民営化見直しの「基本方針」を閣議決定した。郵便と貯金、簡易保険のサービスは〝郵便局で〟提供することを前面に打ち出し、ユニバーサルサービスの提供義務を貯金や保険にも広げる検討をする、という内容だ。この日に日本郵政社長の西川善文は辞任表明した。

鳩山政権は西川の後任に、「最後の大物次官」と呼ばれた73歳の元大蔵事務次官、斎藤次郎を起用し、副社長にも旧大蔵省ＯＢや元郵政事業庁長官をあてた。公約に掲げた「脱官僚」とは正反対の人事で、小泉改革の「官から民へ」を「民から官へ」にひっくり返した。首脳人事の実権を握ったのは亀井で、日本郵政の取締役会も指名委員会も形なしで、企業統治を高めるはずの委員会設置会社も名ばかりだった。

12月に郵政株式処分凍結法が成立し、民営化の針は停止した。「別途、法律で定める日」まで株の売却を禁じるものだが、その目的が金融2社を引き留めることだったと、柘植がのちに記している。

「〝ハゲタカファンド〟が、ゆうちょ銀行とかんぽ生命保険の株式を買い取って大株主になれば、地方、中でも過疎地の郵便局は『採算性が低い』という理由から切り捨てられかねないからです。ゆうちょ、かんぽが独立すると郵便局の収入の8割以上を失ってしまいます。そうなると郵便局はたちまちやっていけなくなる。これがなくなれば相当な数が廃局に追い込まれるという強い危機感は変わらずありました」

　翌2010年4月末に、郵政改革関連法案が閣議決定されて国会に提出された。このときの法案は、金融2社の全株売却は取りやめ、株式の3分の1超を日本郵政が握り続ける内容となっていた。

　柘植によると、郵政改革担当副大臣だった大塚耕平から条文の中身について「これで問題はないか」と逐一相談され、局長会の希望を採り入れながら完成した法案だった。このときの法案こそ全特の願望を満たす理想の姿だった。

　だが、民主党政権の迷走とともに、郵政改革関連法案も漂流していく。

　法案は5月末に衆院を通過したものの、6月に首相の鳩山由紀夫が辞任し、成立を見ることなく廃案となった。柘植が著書で示した見方はこうだ。

「改革法案に熱心だったのは一部で、やる気がまったく感じられなかったのは事実です。この後にも、何回も裏切られた気持ちになりましたが、民主党にも法案を通したくない議員がいる。つかみどころのない発言でのらりくらりとかわすようなこともあり、きっと通したくなかったのだと痛感しました」

　菅直人政権となった2010年9月に法案が国会に再提出されたが、審議されずに先送りされる日々が続いた。事態を動かしたのは、1万8千人超の犠牲者が出た東日本大震災だ。

　巨額の復興予算で財政が厳しくなったことを背景に、日本郵政株の売却益を復興財源にあてる思惑が膨らみ、法案を大幅に修正したうえで成立させる機運が高まった。ただし、全特の言いなりとなっている当初の法案をそのまま通すわけにもいかない。

全特は法案修正に応じる姿勢を示しつつ、「3事業一体の経営」や「金融2社のユニバーサルサービス確保」などを譲れない一線として打ち出した。

異例の定年延長も果たして全特会長の任期も延ばした柘植は、2012年1月17日に官邸に出向き、首相の野田佳彦から「郵政法案は責任を持って対応をしたい。今国会で必ず通す」と約束された。

3月末には民主・自民・公明3党が郵政民営化法改正案の共同提出で合意し、議員立法で国会に提出された。4月に衆参でようやく可決し、成立した。

郵政民営化の巻き戻しもまた政局に利用されたとの思いを強めた柘植は確信する。

「政治家は、有権者の前では耳触りの良いことを言うが、最終的には自分の選挙を一義的に考えて行動する。そうであるならば、いちばんよく効く薬を与えないと、物事はなかなかうまく進まないことを学習した」

よく効く薬とは何か。それは組織を挙げて証明していくことになる。

次章では、郵政民営化法の変遷を通じて、組織の本懐を見ていく。

第六章　郵政民営化法の変遷

単純明快だった小泉郵政改革

郵政事業を民営化するための法律は、成立しなかった法案も含めて3度の変遷をたどった。

はじまりは、小泉政権が2005年に国会に提出し、郵政選挙もへて成立したときだ。郵便局長会は民営化そのものに反対し、組織の要望が反映される余地は小さかった。

2度目は、民主党政権が2010年に国会へ提出した「郵政改革法案」だ。全国郵便局長会(全特)の理想と願いを体現していたが、成立には至らなかった。

3度目は民主党政権末期の2012年、自民党と公明党の3党合意にもとづく議員立法によって成立した改正法だ。全特は改革法案を撤回して譲歩はしたものの、組織の主要な要望は採り入れられた。

詳しい内容を見ていくと、組織の本音と今後の争点が浮かび上がる。

まずは小泉政権下で成立した最初の郵政民営化法だ。

基本方針は、「民間にゆだねられるものは、なるべくゆだねる」。政府の関与はなるべくなく

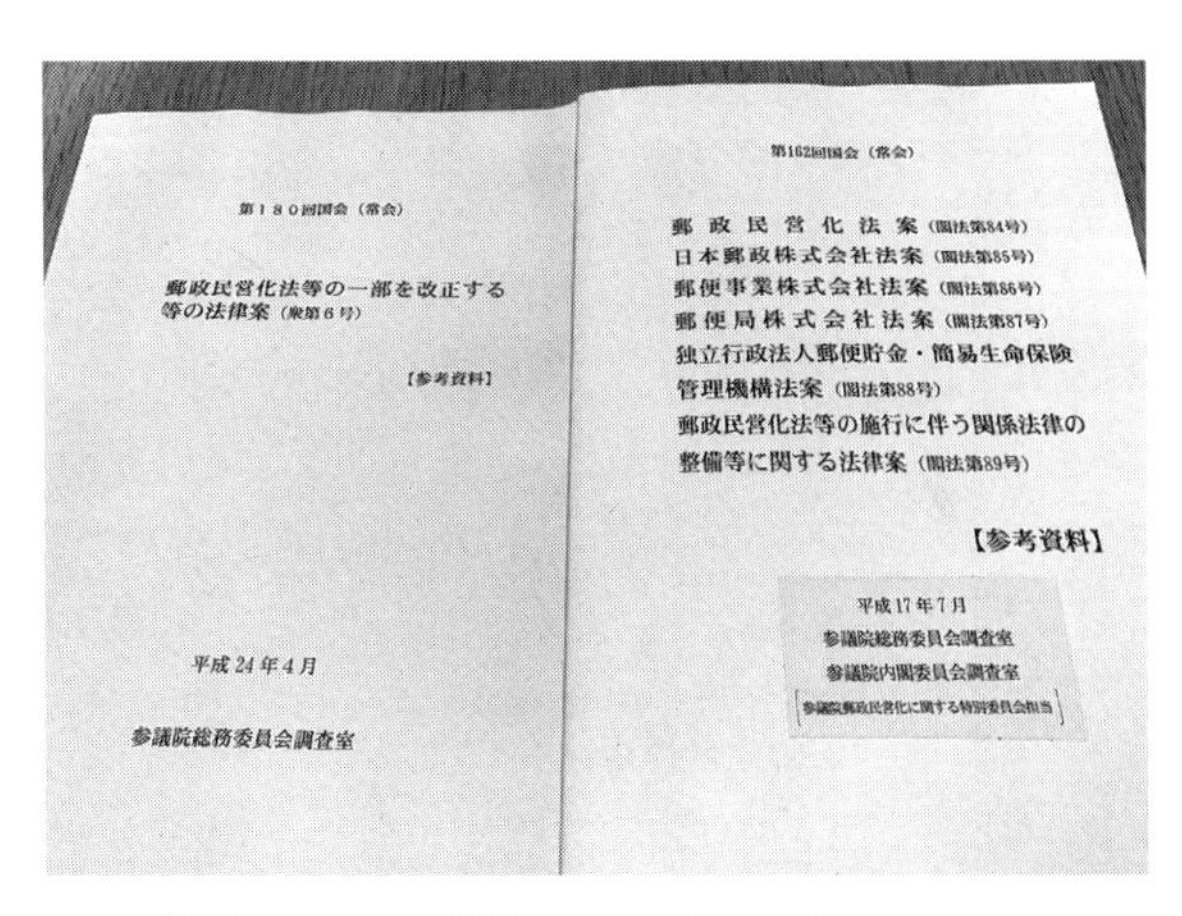

国会に提出された郵政民営化法案と改正法案の関連資料

し、民営郵政の経営は自由度を高め、事業ごとの独立採算をめざす。民間企業との競争条件を対等にすることも重視していた。

郵政公社は、持ち株会社・日本郵政のもとに、郵便＝郵便事業会社、貯金＝郵便貯金銀行、保険＝郵便保険会社、窓口＝郵便局会社と機能別に四つに分けた。郵便局長は窓口事業を担う郵便局株式会社に属する。

２００７年に株式会社を新設し、それから10年間を完全な民営化までの移行期に位置づけた。２０１７年には民営化の手続きが完了する計画だった。

政府が持つ日本郵政株は「できる限り早期」に減らすものの、発行済み株式総数に占める割合で3分の1超を持ち続ける。郵便事業と郵便局の２社は日本郵政の１００％子会社とした。

一方、日本郵政が持つ銀行と保険会社の株式は段階的に手放し、２０１７年9月30日までにすべて処分することが義務づけられた。この金融2社は民間との対等な競争条件を確保するため、移行期間中は規制を上乗せするが、民営化の進み具合に応じて緩和することにしていた。

政府が日本郵政の株式を持ち続けるのは、ユニバーサルサービスを提供し続けてもらうためだ。郵政民営化法では、郵便サービスは「あまねく公平に、かつ、なるべく安い料金」で提供しなければならないユニバーサルサービスとして郵便事業会社が背負い、郵便局会社は窓口業務と局の活用で「地域住民の利便の増進に資する業務」を担うこととしていた。関連する郵便局株式会社法には、郵便局の数が「総務省令で定めるところにより、あまねく全国において利用されることを旨として設置しなければならない」と規定されたが、民営化法を読む限り、ユニバーサルサービスとして義務づける内容は手紙などのやりとりが中核で、それを担うのは局長ではなかった。

法律の「抜け穴」も指摘されていた。

金融2社の株式がすべて売られる状態を「完全民営化」と定義づけながら、完全売却後に再び株式を取得することは規制しなかった。国会の付帯決議では「議決権の連続的行使」を認める一文が盛り込まれ、むしろ株の買い戻しを容認する内容だ。これでは何のために株式の完全処分を「ゴール」とするかもわからず、法案の成立過程でも「民営化が骨抜きになった」「民営化自体が目的と化している」といった批判が出ていた。[*1]

将来の不透明性を残しながら、２００７年10月1日に郵政民営化法は施行され、郵政公社の事業を引き継ぐ日本郵政グループが5社（4事業）体制でスタートした。だが、民営化の計画はその後、すぐに反故にされることになる。

顧客そっちのけの〝ユニバーサルサービス〟

民主党政権は発足直後に日本郵政グループの株式売却を凍結し、翌２０１０年4月に郵政改革法案を国会に提出した。局長会の欲望と怨念も詰め込まれた法案だった。

第1条は、小泉改革への批判から始まる。

4事業の分割と金融2社株の完全売却方針のせいで、郵政事業の経営基盤が「脆弱」になっている、と主張。従来のサービスが郵便局の店頭では「一体的に利用することが困難」になり、ユニバーサルサービスにも「懸念が生じている事態」になっている、というのが大前提だ。

このため、新たに掲げる「郵政改革」とは、郵政事業の経営形態を見直し、「郵政事業に係る基本的な役務」を郵便局で一体的に提供することとし、「将来にわたりあまねく全国において公平に利用できることを確保する」ことを指す。

この条文のポイントは、あくまで「郵便局で」のサービスを問題視していることだ。郵便局という店頭のサービスの提供状況の悪化や懸念を根拠に小泉政権を非難し、法律の抜本的な〝改革〟が必要だと唱えている。

海外の先進各国で重視されるユニバーサルサービスは、手紙やはがきを出したり受け取ったりできる「郵便サービス」を指す。過疎地では負担が大きい集配業務のコストも賄いつつ、同一で安価な料金を保ち、配達頻度や到着日数で一定のサービス水準を守れるかどうか。それが利用者にとっては最大の焦点だ。郵便局の数はポストの数などとともに、守るべきサービスの利便性の一角をなす指標や要素の一つに過ぎない。

ところが、局長会の意を受けた民主党政権が唱え始めた〝ユニバーサルサービス〟は、郵便サービスそのものを置き去りにして、郵便局の店頭におけるサービス提供のあり方や局の数へと議論の主軸をすり替えた。

法案の第2条でも、「郵政事業」の定義は「郵便局において行うものとされ、及び郵便局を活用して行うことができるもの」とわざわざ定めているくらいだ。

「基本理念」と題された第3条は、400字超で一度も途切れない悪文だが、一部をそのまま紹介しておく。

「郵政事業に係る基本的な役務を利用者本位の簡便な方法により郵便局で一体的に利用できるようにするとともに将来にわたりあまねく全国において公平に利用できることを確保し、並びに長年にわたり国民共有の財産として築き上げられた郵便局ネットワークの活用その他の郵政事業の公益性及び地域性が十分に発揮されるように」

よく読めば、法律を変えさせる目的がぼんやりとつづられている。郵便局の数は決して減らさず、永遠に維持させたい意思が表れている。局長が所有する局舎そのものに公共性や地域性といった色合いを求めるのも、局数の維持につなげること自体が目的だからだ。

もう一つの題目は、ユニバーサルサービスとして民営郵政に義務づける内容に、貯金と保険のサービスを加えることだった。

第8条に、こう記されている。

「日本郵政株式会社は、郵便の役務、簡易な貯蓄、送金及び債権債務の決済の役務並びに簡易に利用できる生命保険の役務が利用者本位の簡便な方法により郵便局で一体的に利用できるようにするとともに将来にわたりあまねく全国において公平に利用できることが確保されるよう、郵便局ネットワークを維持するものとする」

文面どおりなら、あまねく公平な利用を確保するのは、あくまで郵便局における貯金や保険といったサービスの提供となる。外務員が顧客の自宅まで足を運んで提供するようなサービスには無頓着で、顧客に来させる局のことしか眼中にないからだ。

貯金と保険のサービスも、ただの金づるに見えてくる。生命保険協会からは、民間生保だけでも全国一律のサービス提供が十分にできているとの反対意見が出ていた。[*2] 保険の勧誘や契約手続きのためなら、営業社員や募集代理人は喜んで過疎地へ飛んでいく。それでも郵政の保険サービスをあえて義務化するのは、顧客のためではなく、郵便局が金融2社からの多額の手数料を手放さないようにすることが主眼にあるからだ。

つまり、民主党政権に掲げさせた〝郵政改革〟の主役は、顧客や地域ではなく、あくまで局長とその局舎であることがわかる。

全特のわがままは、グループの経営形態にも及ぶ。

改革法案では、持ち株会社である日本郵政に郵便事業会社と郵便局会社を吸収合併させたうえで、金融2社は傘下の関連会社とする構想だった。局長の所属は金融2社と並ぶグループ子会社から、親会社へと格上げする算段だったのだ。

金融2社の全株処分は取りやめ、日本郵政が議決権ベースで3分の1超を持ち続けることも規定された。株式売却の期限はなくし、政府が日本郵政株を議決権ベースで3分の1超を持ち続けるのは変わらなかった。

金融2社に課せられた上乗せ規制は、日本郵政の保有割合が5割を切ればなくすこととし、貯金の預入限度額は1千万円から2千万円に、生命保険の加入限度額は1300万円から2500万円に拡大することが盛り込まれていた。

グループ経営に対する政府の関与を強めながら、経営の自由度も高めていく「いいとこ取り」を狙っていた。

法改正で許した妥協

紆余曲折の末に成立したのは、民主、自民、公明の3党合意による議員立法の郵政民営化法改正法だった。局長会は主要な要望事項をのませたものの、会社形態や株式売却をめぐっては譲歩せざるを得なかった。

郵政改革の基本方針は、当たり障りのない「株式会社に的確に郵政事業の経営を行わせるための改革」に改められた。だが、郵政事業を「郵便局において行うものとされ、及び郵便局を活用して行うことができるもの」と定義するところは、全特の要望どおりとなった。

ユニバーサルサービスの拡大は、廃案となった法案第8条がそのまま改正法に反映された。ユニバーサルサービスの義務範囲を貯金と保険のサービスにも広げ、「郵便局での利用」が将来にわたって確保されるよう、郵便局ネットワークの維持そのものを日本郵政と日本郵便に義務づける内容だ。これも全特が望んだとおりである。

他方、会社形態や金融2社の株式売却は、全特の望みどおりとはならなかった。郵便局株式会社は日本郵便株式会社に名前を変え、法施行に合わせて郵便事業株式会社と合併させることになった。だが、持ち株会社の日本郵政はそのままで、局長たちが親会社に昇格することは認められなかった。

日本郵政が持つ金融2社株は具体的な期限をなくしたものの、「全部を処分することを目指し」「できる限り早期に、処分する」と規定された。政府が日本郵政株の3分の1超を持ち続ける点でも、保有割合をできる限り早期に減らすとする従前の条文は変えなかった。金融2社の上限額の引き上げには触れなかった。

全特会長だった柘植芳文は、自著でこう振り返っている。[*3]

「最初の法案からしたらかなり後退した内容だったのは事実。しかし、今ここでこの議員立法案を蹴ってしまったら、今後一切、民営化改正案の話は出なくなってしまう、と感じていました。法案の一字一句まで細かく相談しながら、それで手を打ちました。もちろん私の責任でもあるけれど、私は後悔していません」

全特は妥協を許したが、民営化法の改正で郵政グループの先行きはさらに不透明さを増した。柘植の自著には、こんな言葉も出てくる。

「これまでの経験上、白黒つけない、グレーゾーンも大切なことだ。曖昧模糊を残すほうがいちばんやりやすい」

２０１２年10月、郵便事業会社と郵便局会社が統合し、「日本郵便」が日本郵政の１００％子会社として再スタートした。２０１５年秋に日本郵政を上場させる計画案もまとまり、復興資金にあてる数兆円規模の売却益を政府が得られる算段もついた。将来の姿をあいまいにしたまま、２０１２年末に第２次安倍政権が発足した。

底が尽きかけた米びつ争い

郵政民営化法の改正を実現してから10年後。２０２２年3月26日の全特評議員会で、会長の末武晃はこう切り込んだ。[*4]

「日本郵政または日本郵便による一定数のゆうちょ銀行、かんぽ生命の株式の保有等、一体経営を担保する仕組みについての検討を求めていきたい」

評議員の一人から「グループ一体経営の確保の決意」を問われたことへの回答だった。

全特は以前から「グループ一体経営」を唱え、金融2社との距離が開くことを警戒し、少しでも予兆が出ようものなら強く反応して抵抗もしてきた。毎年数千億円の手数料を得られる

「資金源」を手放すわけにはいかないうえに、とりわけ貯金のサービス提供は過疎でも郵便局を置く口実にしてきたからだ。

ただ、郵政民営化法で定められた「金融2社株の100％売却」の撤回を公然と求めるようになったのは、最近のこと。全特トップが具体的に言及するのは異例だ。

末武は、日本郵政か日本郵便が金融2社株を保有することが「グループ一体経営の担保」になるのだという理屈を立てて、

「政治の場で議論・検討をお願いしなければならない政策課題。いよいよ本丸に切り込む」

と語ってみせた。2012年に実現した法改正でも飽き足らず、組織の要望をさらにねじ込んでいこうという決意表明でもある。

2012年改正の郵政民営化法は、日本郵政が持つ金融2社株はできる限り早期の完全処分を「目指す」と定めている。「10年で完全売却」という期限はなくしたものの、完全処分後にすぐまた株を買い戻すことまでは禁じていない。

民主党政権の誕生時に成立しかけた「幻の法案」にもとづけば、金融2社株は3分の1を持ち続けることが全特執行部の願いだとみられる。

日本郵政グループの中期経営計画では、2025年までに金融2社株の持ち分を5割以下に下げることを目標としている。かんぽ株の持ち分はすでに5割以下となったが、ゆうちょ株は

売り出すきっかけをなかなかつかめず、２０２３年３月の売り出しでようやく６割程度に下がったところだ。

郵政グループの金融事業を監視してきた金融庁幹部は、金融２社の経営状態について厳しい見方を示す。

「かんぽ生命は不正販売問題から改善する兆しがなく、ゆっくりと破綻に向かっている。ゆうちょ銀行もリスク性の資産が増えて経営構造がもろくなっていて、収益を伸ばす要素が見当たらない」

この幹部は、全特の動向に対しても残念そうに語る。

「全特といえば、郵政グループの経営課題に率先して立ち向かう集団なのかと、少し前までは思っていた。実際はグループ全体の経営改善よりも、グループ内で利益を吸い上げることしか考えなくなっている。米びつの米が底を尽きそうなのに、『もっとよこせ』とグループ内で醜い争いをしているように見える」

金融２社は本来、郵便局の道連れになって破綻することがないように、経営の自由度を高め、是々非々で事業の立て直しに取り組む必要がある。そうとわかってはいても身動きが取れないのは、正論の通じない権力構造が複雑に絡みついているからだ。

次章では、組織の腐敗を加速させる権力構造が、いかに築かれたかを見ていく。

第七章　安倍政権で加速した組織腐敗

下に威張り、上に媚びへつらう全特役員

２０２０年11月23日付の業界紙「通信文化新報」に、刺激的な言葉が並んだ。[*1]

「役員になったら威張る人がいる、後輩や部下には偉そうな態度をするが、上の人には手の平を返したように媚びへつらうとか、そういう組織になってはいけない。全特会長が支社長や会社の役員になったり、政治家になると後輩がものを言えなくなる。政治家や会社の役員になるために、全特の役員を目指す会員が出ると組織は弱体化する。役員だけが会社に入って高い給料をもらっていては、何だとの声も出る」

発言の主は、半年前まで全国郵便局長会（全特）会長だった山本利郎だ。会長任期は１期２年だが、山本は65歳で定年を迎えたことを理由に、就任して１年でトップの座を下りた。民営化後に〝異例〟の定年延長を繰り返した歴代会長とは対照的だ。

批判の矛先はもちろん、歴代トップを含む全特幹部らに向けられている。

全特会長が退任後に参院選へ出馬し、国会議員になったのは２０１３年。その３年後には、

組織活動などを紹介する会報誌「全特」

退任直後の全特会長が初めて日本郵便専務執行役員へと〝天上り〟。後任の会長も2019年に子会社の取締役会長に収まり、全特役員から支社長へ転身する人事も相次いだ。

こうした天上りがピークに達した2019年に、山本は全特会長に昇格した。

金沢市の兼六園からほど近い金沢扇町郵便局の局長で、父の後を継いだ「世襲局長」の典型だ。[*2] 1991年に副部会長となって以来、局長会の役職を務め続けた。小泉郵政改革が断行された2005年に地区郵便局長会の会長に就任し、民営化後の2009年に全特役員となった。

「組織は内部から崩壊する」。それが山本の持論だ。民営化後の全特役員として11年間にわたり、中枢から組織を見つめ続けた結論でもある。
民営化に反対する抗議活動に奔走した経験から、外圧に対しては組織が結束を固め、「一枚岩」で闘えることはわかった。「敵」が強ければ、結束の強度も増す。
だが、外圧のない平穏なときはどうか。役員になって偉くなったと勘違いし、平然と出世を求める役員が出てきた。不平や不満が渦巻き、内向きの議論にはまって抜け出せなくなる。行き着く先は組織の崩壊だ。そんな危機感を、山本は在任中もよく口にしていた。[*3]
小泉改革や政権交代に翻弄された季節が過ぎ去り、民営化法の目的は「郵便サービスの維持」から「郵便局の維持」へと書き換わった。安定した政治環境のもとで、しかし、組織の腐敗は着実に進んでいた。

史上初の全特会長出身議員

自民党が民主党から政権を奪還してから3カ月足らずの2013年3月8日。前年まで全特会長を3年務めた柘植芳文が、自民党から参院選の比例代表候補として公認されたと発表された。[*4]
全特は小泉改革で自民党と袂を分かち、対抗する国民新党や民主党を支援してきた。柘植自身も国民新党の亀井静香や民主党の小沢一郎とのパイプを武器として利用してきた。

２０１３年1月にあった全特の顧問会議では、「次の参院選では候補を擁立しない」との方向で話し合いが進んでいた。顧問会議とは、数人の全特トップ経験者と現役の局長会幹部で構成され、前年まで会長だった柘植もメンバーだった。会議では「選挙は休むべきではない」との声も出たが、民主党が敗れた衆院選から1年もたたずに自民党へと乗り換えるのは道理が通らないとの意見が優勢だった。[*5]

自民党政権に国家公務員の資格を剥奪された記憶もまだ新しかった。その悔しさをバネに、全特は国民新党の支援に回り、民主党候補も応援して政権交代をつかみ取り、民営化の流れを巻き戻すことに成功した。それだけに、政権が代わった途端に自民党と手を組み直し、民主党と戦うことには反発が大きかった。候補となる柘植が自民党との対決を主導した当事者であることにも疑問符がついた。

柘植は直前まで首相だった野田佳彦からも、参院選には出馬しないよう頼まれていた。名古屋の自宅まで来て「出るなら民主党から出てくれ」と頼む民主党関係者もいたという。

だが、自民党が国会で多数を握る与党に返り咲き、野党に転落した民主党になど気を使う必要はなくなった。待望の改正法案を何度も先送りされ、成立間際に大幅な譲歩を余儀なくされたことへのわだかまりも残る。組織にとっては「政権与党とのパイプ」の構築が最優先で、柘植にとってほかの選択肢はなかった。

２０１３年2月22日の出来事を、柘植が自著で振り返る。[*6]

「全特会長経験者が立候補するのは前代未聞のことで、最初から固辞し続けました。ただ、全特の役員が20数人も名古屋まで来て私を説得し、当時の会長の涙と苦渋に満ちた姿を見た時、もし私が出ないと言ったら、もう時間も限られ、次の候補者は擁立できないだろうとも理解していました」

それから6日後の2月28日、全国の局長会幹部を集めた場で、柘植は「出馬を引き受ける」と表明した。全特会長経験者として史上初の国会議員の誕生が事実上決まった瞬間でもあった。

「世襲」へのこだわり

柘植芳文は、親から局長職を引き継ぐ「世襲局長」ではなかった。

岐阜県恵那市の山深い集落で、終戦間際の１９４５年に生まれた。９人きょうだいの下から2番目で、父親は市議会議員だった。山々を駆け回り、中学時代は陸上部と野球部で活躍。三段跳びで地元の記録をつくるほど足腰には自信があった。[*7]

教員を目指して進んだ愛知大学で麻雀漬けの日々を過ごし、卒業しても就職せずフリーター生活に。見かねた兄から勧められて国家公務員試験を受けたのが、郵便局員となる最初の一歩だった。

特定局でしばらく働いたのち、東海郵政局貯金部で三重県の山村や漁村を営業して回った。就職して数年後、ある局長から誘われ、31歳で名古屋市守山区の郵便局長に。都市部の住宅街ながら、職員3人のちいさな郵便局。この頃は弁護士を目指していて、暇な局長なら仕事中でも六法全書を読んで司法試験の勉強ができそうだと考えていた。

局長の仕事にのめりこむようになるのは、意外にも、古くさい局長組織への反発がきっかけだった。自著でこうつづる。

「昔はやはり、自営局舎の局長が役員に多くいたため、中には、マンション経営などいろいろなことをやっていて、給料なんてどうでもいいという人が多くいました。局長職は『名前や名誉』が欲しくてやっているようなものだと公言されている人もいました。それで、堪忍袋の緒が切れてしまいました」

局長2年目のころ、「給料のためでなく名誉のために局長をやっている」と話す先輩局長に腹が立ち、殴りつけたことがある。周囲に止められ、謝るよう言われても、「謝る必要はない」と突っぱねた。柘植はその際、

「私はこの仕事に命をかけている。中途半端な姿勢で、こっちでマンションの収入があって、

郵便局の給料ももらってやっている人は許せない」

と啖呵を切り、引くに引けなくなって、仕事に勤しむ決意をしたのだという。

柘植は地域の野球チームに入り、町内会長らとの人脈を培った。労働組合が荒れて年賀状区分の人手に困ったときには、町内会長が近所の主婦らを集めて手伝ってくれた。ソフトボールチームの監督も務め、郵便局の冠大会も開催。ママさんバレーやゲートボールの大会も率先して主催した。そうして地域でつながった人たちが貯金や保険の営業成績を押し上げ、政治活動も助けてくれた。

「最初の3年間ぐらいしっかりやれば、本当に地域の中でいい財産ができる。最初に一生懸命やれば、『今度の局長さんはいいよ』と、お客さまはすぐリピーターになってくださり、口コミが地域全体に広がっていくのを、私はまさに体験しました」

名古屋の郊外でこうした原体験を持つ柘植は、「向こう三軒両隣」の付き合いを育むことで地域社会や事業の発展に役立つことを、理想的な局長像として抱いた。

柘植は局長3年目で部会役員となり、組織の派閥や権力争いにものめり込んでいく。

「局長会というのは、皆さん一国一城の主で、なかなか人間関係も難しい。派閥というほどではないにしても、いろいろとグループがある。その中で役職に就くことは、結構大変な作業になります」

柘植の自己評価は「いいなと思った人に徹底的についていくタイプ」。反発勢力との調整や根回しで尽くした先輩の急逝を受け、40代後半で東海地方郵便局長会会長に就く。地方会の会長就任時も、柘植は自分の味方をなだめつつ、反発する勢力を役員に引き上げた。敵だと思う人でも一度は本音をぶつけ合ってみるのが柘植の流儀で、酒を酌み交わして取り込むことも厭わなかった。

柘植の郵便局で働いた60人以上の職員のうち、30人以上が局長となった。彼らもまた柘植の支持基盤の一部を形成しているに違いない。

世襲ではなかった柘植もいつしか、世襲を志向する局長に変わっていた。退職と同時に局長ポストを息子に引き継ぎ、地域の住人を招いて〝披露宴〟まで開いた。

「私は35年間郵便局長を務めてきて、特殊な仕事だと感じてきました。歌舞伎などの芸能文化を守っているような世襲制の職業とほとんど変わらない」

世襲局長のほうが地域社会に尽くし、家族を真剣に守り、最終的には顧客の生活を守ることにつながる。そんな主張にいつからか立脚していた。

官房長官の代理人

第2次安倍政権の発足から半年後の2013年5月22日、日本郵政は新たな取締役人事を発表した。半年前に全会一致で選んだ社長をわずか半年で退任させ、代わりに財界重鎮の元東芝会長、77歳となっていた西室泰三（にしむろたいぞう）を社長に迎える人事だった。

官房長官だった菅義偉は、西室の社長起用が報じられた5月10日の記者会見で「民間の方を社長にするべきだろうというのが一貫した内閣の考え方だ」「企業のトップとして経験豊かな方に社長になってもらうのがふさわしい」と語っていた。菅は安倍晋三のお墨付きも得て、郵政経営陣の刷新を主導した。

18人いた取締役が1人をのぞいてすべて退任する「全面交代」で、社外取締役は元トヨタ自動車会長の奥田碩（ひろし）や元三菱重工会長の西岡喬（たかし）を含む13人全員が退いた。郵政OBの間では「取締役会で決めた社長人事を政治の都合で反故にされ、怒った奥田に全員がついていった」という見方のほうが優勢だ[*8]。

2013年6月に発足した日本郵政の新体制は、社外取締役がほぼ半減した。このときに社内取締役の副社長に就き、それから6年半も郵政の権力中枢に居座り続けたのが、元総務次官で「郵政のドン」と呼ばれた鈴木康雄だった。

鈴木は2006年に放送分野などを受け持つ情報通信政策局長に就き、第1次安倍政権で総務相の菅に仕えた。菅はNHKに受信料値下げを迫るなど放送行政に力を入れ、意に沿わない担当課長を更迭する人事も敢行した。菅が飛ばした課長の上司だった鈴木は、NHK対応などを通じて菅との仲を深めた。旧郵政出身者として7年ぶりの次官に就きながら、直後に発足した民主党政権にあっさりクビを切られて冷や飯を食わされたが、菅の復権とともに権力の座に返り咲いた。

官房長官の菅が首相の安倍のお墨付きを得て郵政グループの首脳人事を握ったように、鈴木は菅の威光をかさに、郵政グループの幹部人事に圧倒的な権限を持つようになる。

そのことは新経営陣の体制が固まった直後から、グループ内の幹部間での共通認識だった。当時の幹部間では、二つの情報がメモなどの形で共有されていた。[*9]

一つは、全特副会長だった大澤誠が周囲に語っていたとされる内容だ。

「菅官房長官は、鈴木康雄さんを中心にした運営を考えている」

「菅官房長官が高橋亨さんを許したわけではなく、今回も高橋さんを呼び出し、『郵便局のことをきちんと聞いて運営しないとダメだ』と言ってくれた」

高橋亨はそれまで日本郵政副社長として全特や労働組合との交渉役を務め、2013年の新体制では日本郵便社長に就いていたが、菅ににらまれ、日本郵便社長としての権限を無条件に持たされたわけではなかったのだ。

もう一つの情報は、当時の日本郵政首脳の一人が幹部らに伝えた内容だ。

「5月下旬に西室、鈴木、高橋による3者会談があった。その場で鈴木さんから『高橋さんより年次の高い人は全員やめてもらう』という話があった」

「人事は鈴木さんに一任され、高橋さんもタッチできない」

実際に高橋より年次が上の旧郵政キャリアはその後、全員が郵政本体を去った。

当時、これらの情報に接していた郵政関係者の一人が語る。*10

「鈴木康雄がなぜ『ドン』と呼ばれるようになったのか。それはみんなが彼のことを『官房長官の代理人』と認識していたからです」

新たに確立された権力構造によって、郵政グループも局長会とともに醜い変質を遂げていく。

「3者蜜月」の権力構造

2013年から権力構造の中枢を占めたのは、日本郵政グループの首脳人事を握った官房長官の菅義偉と、その代理人として日本郵政副社長に就いた元総務次官の鈴木康雄、そして全特の名代たる参院議員になった柘植芳文の3人だった。かんぽ生命の不正販売問題の余波で鈴木が退くまでの6年半、利害の異なる3者の蜜月が続く。

菅が郵政事業について口にするのは、郵政グループの株売却を進めることと、経営トップに民間企業出身者を据えることの2点が中心だ。首脳人事と株式構成にはこだわりを持つ半面、グループの経営やガバナンスには関心が薄く、高い集票力を誇る全特には格別な配慮を施してきた。

鈴木は大ボスの意思を経営に反映させる役割を担うと同時に、総務省内の郵政キャリアと旧郵政省採用の元キャリア官僚への目配りを欠かさず、元キャリアの実権や天下りポストの拡大には意欲的だった。

他方、柘植は菅や鈴木の意向もくみながら、全特と日本郵政グループの要望を政策にねじ込んでいく役割を担った。郵便局網の維持を約束させた2012年の法改正もテコに、郵便局に注がれるカネをつなぎとめることが期待された。

鈴木は官房長官だった菅とは議員会館の事務所で面会し、柘植の事務所にもよく足を運んだ。3人はそれぞれ別々の利害を背負う三角関係にあった。

当初は権力の座にもう一人、日本郵政社長に就いた元東芝会長の西室泰三がいたはずだった。郵政グループ3社が2015年に上場するレールが敷かれ、上場後の「成長ストーリー」を描いて実現することを求められた。

しかし、結果は惨憺たるものだった。上場目前に「海外物流への本格参入の足がかり」と触れ回って約6200億円を投じたオーストラリアの物流大手トール・ホールディングスは、翌2016年度の決算で約4千億円の損失を出し、その後も赤字を垂れ流し続けた。西室の肝いりで始めた高齢者の「みまもりサービス」も鳴かず飛ばずで、契約数は2023年時点でも全国で約4千件にとどまる。[*11]

西室の後を継いで2016年春に日本郵政社長となったのは、前年からゆうちょ銀行社長を務めていた日本興業銀行（現みずほ銀行）出身の長門正貢だった。長門の後釜には横浜銀行出身の池田憲人が就き、日本郵便社長には三井住友銀行出身で西川善文の「側近4人組」の一人だった横山邦男を迎えた。いずれも民間金融出身で、菅義偉の助言役だった金融庁長官、森信親と親しい仲だった。

日本郵便社長に横山を就かせることには、鈴木康雄が猛反対したが、民間出身経営者へのこだわりが強い菅を翻意させるには至らなかった。[*12]日本郵便社長だった元キャリアの高橋亨には、トール買収の責任を取らせる必要があった。菅には森が推す金融出身経営者によって経営を立て直し、業績を軌道にのせたい思惑もあったとみられる。

年２００億円超の国民負担増、土曜・翌日配達は廃止に

民間トップの牙が抜かれたあと、総務省と政府の郵政民営化委員会は、郵便局長会の政策要望を続々とかなえていく。

まずは郵政民営化法の改正時に撤回していた、ゆうちょ銀行とかんぽ生命の限度額の引き上げだ。

郵政民営化委員会での検討や提言をへて２０１６年４月、ゆうちょ銀行の貯金預入限度額は以前の１０００万円から３００万円引き上げて１３００万円に、かんぽ生命の加入限度額は１３００万円から計２０００万円に引き上げられた。貯金預入限度額は25年ぶり、保険加入限度額はじつに30年ぶりの引き上げとなった。

ゆうちょ銀行はその後、２０１９年春にも貯金限度額を倍増させて２６００万円に引き上げた。さらに貯金残高がゼロになったときに自動的に借金をさせられる「口座貸越サービス」の提供が新規業務として認められ、２０２１年に始まった。

民営化委は、完全民営化に至るまでの期間、郵政民営化の進捗を監視し、定期的に意見を出す目的で設けられたはずだが、委員は郵政事業に肯定的な〝身内〟ばかりとなり、アリバイづくりの御用機関になっている。

郵便局の延命に直接的に効くクスリとして実現したのは、2019年に始めた「郵便局ネットワークの維持の支援のための交付金・拠出金制度」だ。

理屈としては、郵便・貯金・保険のサービスは「郵便局において」提供する義務が法律で定められたのだから、金融2社が日本郵便に払う委託手数料の一部を郵便局運営の「基礎的費用」に改め、独立行政法人「郵政管理・支援機構」を介して「拠出金（金融2社→機構）」や「交付金（機構→日本郵便）」として払わせる、というものだ。

名目を変えることで、日本郵便と金融2社間で発生していた消費税負担を免れられる。「基礎的費用」は人件費や局舎費、輸送費などをもとに機構が算出し、初年度で2社分あわせて3000億円規模。年間200億円程度の税金を払わなくて済む効果をもたらした。

とはいえ、国にとっては200億円分の税収を失うことになる。国民負担をそれだけ重くすることで、金融サービスの〝郵便局における〟提供を支援させることを意味している。法改正の経緯を思い返せば、マッチポンプによる利益誘導にほかならない。

じつは2014〜2017年に総務相だった高市早苗は、この制度に反対していた。[*13] 制度案が自民党「郵政事業に関する特命委員会」で検討された当初、高市の怒りを買った担当幹部が飛ばされ、お蔵入りとなっていた。だが、高市の後任の総務相に野田聖子が就くと、飛ばされた担当幹部が主要ポストに呼び戻され、法整備が一気に進んだ。

ちなみに高市は局長会側からの献金を受けていないが、郵政民営化に反対して自民党を離れた経験を持つ野田を含め、歴代総務相は多くがパーティー券などで献金を受けている。

もう一つの目玉政策が、土曜日の郵便配達をなくし、郵便物が届くまでの日数を延ばすことだ。「土曜・翌日配達の廃止」である。

総務省が日本郵便からの要望を受ける形で、有識者会議で法改正の検討を始めたのは2018年9月。総務相の座はその後、野田から石田真敏（まさとし）へと引き継がれた。石田も局長会側から献金を受ける一人だ。

それまでの郵便法では「週6日、1日1回」の郵便物の戸別配達が原則で、速達などを除く郵便物の約8割は翌日に届けられていた。郵便法には「差し出された日から3日以内」に配達するとの定めもあった。

法改正後は配達頻度を「週5日以上」に減らして土曜日の配達をなくし、配達期限は「4日以内」に延ばしたうえで翌日配達を原則廃止とする方針が、総務省の有識者会議で2019年夏に了承された。

高市が2019年秋の内閣改造で総務相に復帰し、かんぽ生命の不祥事が大炎上したことで法改正自体は遅れたが、高市退任後の2020年秋の国会で改正法が成立し、2021年10月から順次実施されている。

制度改正で見込まれる収益改善は年539億円で、その恩恵は確かに大きい。[*14] 現場で働く人には職場環境の改善につながる面もあるが、雇用や人件費の削減も着実に進む。

一方、国民が享受できる郵便サービスの質は大きく低下した。郵便物数の縮小を思えば仕方ない面もあるが、顧客の利便性が郵便局数の維持の犠牲になっている面は否めない。

高給ポストへの飽くなき欲望

2016年6月28日の日本郵便取締役会の終了後に公表された役員人事に、多くの局長が衝撃を受けた。

定年を延ばして全特会長を続けていた当時66歳の大澤誠が、日本郵便の専務執行役員に抜擢されたのだ。直前までは埼玉県富士見市の富士見鶴瀬東郵便局長だった。日本郵便が全特幹部を執行役員に引き上げるのは、これが初めて。大澤は4月に発足した「改革推進部」を担当し、郵便局の窓口業務などの担務を牛耳ることに。その後、執行役員副社長へと昇格していく。

異例の人事は、トールの巨額損失の責任が大きい郵政キャリアの高橋亨を日本郵便の社長から会長職に退け、元三井住友銀行常務執行役員の横山邦男を社長に据える人事とセットで決まった。出世を欲する局長会と郵政キャリア、そして官邸の3者の利害調整によって導かれた人事だった。

局長会幹部から日本郵便幹部への天上りは、ここから加速していく。

２０１８年６月には、２人の旧特定局長が支社長に大抜擢された。東海地方会会長の山崎雅明が日本郵便執行役員に選任されて東海支社長となり、沖縄支社長には沖縄地方会会長の比嘉明男が就いた。翌２０１９年６月には四国地方会会長の浦瀬孝之が四国支社長に転身した。

さらに副社長に昇格した大澤が２０１９年８月から東京支社長ポストを兼任し、13ある支社長ポストのうち四つを局長会ＯＢが占めるようになった。支社長ポストの数でピークとなったこの年、参院選に再出馬した柘植芳文は60万票という金字塔を打ち立てた。

会社幹部や支社長への出世を果たしたのは、いずれも地方会会長を兼ねる全特役員だ。大澤の次に全特会長を務めた青木進は定年を延ばし、日本郵便子会社の郵便局物販サービスの取締役会長に転じた。全特トップの定年延長もなし崩し的に常態化していった。

これらの人事は、大澤と同時期に日本郵便社長となった横山邦男が主導したものだ。[*15] 横山は旧郵政キャリアへの不信感が強く、現場に通じていなければビジネスには向かないとの考えを持っていた。各エリアで強力な権限を持つ支社長ポストから旧キャリアを外し、ノンキャリの支社社員や組合出身者をあてたこともある。局長会幹部の抜擢については「誰でもいいわけではないが、次は山口の末武晃や千葉の長谷川英晴もあり得ると思っていた」と周囲に語っていた。

ただ、全特ＯＢの間では、地域に奉仕することが美徳だった局長が、中央の高給ポストへと上っていく姿に、眉をひそめる者が少なくなかった。

筆者が２０２０年3月に会った全特の元幹部は、こう語っていた。[*16]

「会社の役員とか国会議員とかになりたいなんて発想は、昔はなかったね。そもそも全特の役員というのは局長の地位向上のために働くもので、会社の利益や方針とはぶつかる。会社の役員になりたいという欲をかいた連中が、是々非々で会社と渡り合えるはずがない」

ただし、元幹部はこう付け加えることも忘れなかった。

「今の会長も同じ思いだ。これまでの会長とは違う。定年延長はせずに潔く退くはずだ」

このときの全特会長が、金沢市の郵便局長、山本利郎だった。

「役員が犯した罪は役員が解決する」

山本利郎は２０１９年5月に全特会長に就任すると、業界紙のインタビューでこう語っていた。[*17]

「全特役員になってから全国を回っていると、全特役員と会員との距離が縮まるのではなく、むしろ広がっているように感じてきました。小さな綻びが大きな問題にならないよう、会員との距離を縮めることに取り組んでいかなければなりません」

山本の考えは、会社組織である地区連絡会では上意下達がある程度は必要とされるものの、局長会では「会員はみな平等」ということだ。組織の方針を決める会議では時間をかけて議論を重ね、その過程や背景についても丁寧に説明しながら周知していく考えだった。

「会員から、役員のために営業活動や政治活動をさせられているとの声が上がらないように、それぞれの会を運営していかねばなりません。役員だけが恩恵を受けているかのような誤解を与えないことが必要です。役員は会員のために汗をかき、お世話をしている姿を会員が実感できることが必要です」

10年以上にわたって全特役員を務める間も、同輩が華々しい転身を遂げていく姿がよほど我慢ならなかったに違いない。全特役員会では山本が主導し、役員が退任後に会社幹部には転じないことを申し合わせとして決めたという。

山本は退任時のあいさつで、こう明かしていた。[*18]

「会長に就任する前から様々な意見をいただきました。その時々の全特の行動への批判に対して、私自身の心の中を見つめ、人間が犯したことは人間が解決する。つまり役員が犯したことは、役員である私が解決するしかないと思い、自ら65歳の定年は守り、会社にも入らないと決断しただけでなく、今後はこれが全特役員会の機関決定として引き継がれることになりました」

山本がここまで踏み込んだのは、「内部からの組織崩壊」を懸念してのことだ。全特役員が会社の定年を延ばし、天上りで高給をはむ行動を、これほど厳しく諫めたトップは他にいない。率直な物言いで筋道を重んじる姿勢には、ＯＢの間で共感する声も聞かれる。ただ、他方で山本には、全特の三本柱に固執し、選挙にも前のめりで、旧態依然とした主張もめだつ。とくに強くこだわったのは、郵便局と局長が「公」であり続けることだ。

郵便局のコストは誰かが払ってくれる

以前に山本がこんな逸話を披露したこともあった。[*19]

日本郵政グループが２０１５年に上場した際、「株主は配当を目当てに株を買うんだ」と言い放つ経営陣に、山本は「地域貢献という崇高な理念に賛同して株を買う人がいてもいいのでは」と食ってかかった。廊下に呼び出されて「君は株の世界を分かっていない」と叱責されたが、山本はその後も自分のほうが正しいと考えた。

山本が会長だった1年のうちに、かんぽ生命の不正問題が噴出し、収益偏重だった前経営陣は引責辞任した。代わって菅義偉から日本郵政トップとして白羽の矢を立てられたのは、元建設省キャリア官僚で岩手県知事や総務相を歴任した増田寛也だ。第1次安倍政権の改造内閣で菅義偉の後任となる総務相に起用され、第2次安倍政権では郵政民営化委員会委員長も任された。2016年の都知事選には自民党の推薦候補として出馬し、局長会の支援も受けながら小池百合子に敗れた経歴もある。

「地方消滅」と題した著書もある増田は就任直後から、「地方創生」を新体制の経営方針を表すキーワードの一つに多用していた。山本は追い風が吹き始めたと踏んでいた。

山本は増田の就任から3週間後の会合で、「人口が減っているのに郵便局はなんで減らさないんだ」という意見が組織内にあることを認めつつ、こう反論してみせた。[*20]

「まさしく法律の中でも、郵便局ネットワークの水準を維持すると書かれている。そうであるならば、新しいビジネスをやる知恵を出して取り組んでくださいという話だ」

2012年の法改正は結局、局数の維持への批判や疑問を封じるための道具に使われている。局数の維持がまず先にあり、利用者の利便性は後付けの理屈となっている。「主役」は利用者ではなく、郵便局長だからだ。

山本は「地域密着」を「地方創生」へと置き換えていけば、「事業に何らかのプラスになる取り組み」になり得ると訴えていた。

組織の基本施策である「地域密着」とは、収益には直結しないボランティア活動が主だ。週末にゴミを拾い、近所の草をむしり、祭りなどの行事を手伝う。そんなボランティアが事業に生まれ変わる「マジック」について、山本は解説していた。

「毎日のように役場に顔を出し、役所の人間と仲良くなって、一体となって地域の発展のため、活性化のために取り組んでいくことが重要。これが地方創生の取り組みの理想です」

「役所と郵便局がウィンウィンになれば、たとえ人口が減っても、郵便局がなければ困るという声が地域から上がり、利用者なり国なり誰かがそのコストを負担すべきだという議論になっていけばいい」

法改正によって「局数の維持」に縛りをかけ、その絶対目標のために郵便局の「価値」を何が何でも作り込んでいく。キーワードは「地方創生」。その雰囲気に合わせた価値を何か見つければ、利用料なのか税金なのかはわからないが、きっと誰かが郵便局の維持コストを払ってくれるだろうという算段だ。

ただし、山本の展望には重大な欠陥がある。郵便局の「価値」を一体どうしたら高められるのか。その答えをだれも持ち合わせていないことだ。

机上の空論を重ねて時間を費消し、本業を疎かにしてきたツケで、郵便局の寿命は少しずつ、しかし着実に縮まってきた。

第三部

構造

脅迫の被害を受けた郵便局長が決死の思いで録った音声データには、前近代的で非常識な組織風土が凝縮されていた。法律も人権も企業ガバナンスもお構いなしに、空疎な〝同一認識・同一行動〟を唱える組織の本音が率直に吐露されていた。

上位下達の恐怖支配を実現する秘訣は、日本郵便の権力構造に巣くい、実質的な人事権と経費の裁量権を思いのままに操ることにある。局長会に入らなければ局長とは認めない仕組みを守ることで、1万8千人超の現役世代をタダで選挙に動員し、毎年数十億円の局長マネーを効率よく集めることもできる。都合のいい「人手」と「カネ」の安定的な供給システムが、組織の力を保つ源泉であり、決して手放せない利権の中核でもある。

ところが、だれのために組織はあるのか、組織の力を何のために使うのかという本来の目的を見失い、幹部でさえ説明ができなくなっている。会員は単なるコマや金づるとしかみなされず、現場には不満や怒りを超越した諦念が広がっている。

第八章　上意下達の恐怖支配

「仲間は売っちゃいけない」が鉄則

人口7千人余りの福岡県小竹町（こたけまち）にある新多（にいだ）郵便局の応接スペースで、2019年1月24日午前8時40分過ぎ。61歳の局長、西山光則（仮名）がドスのきいた太い声で、目の前に座る40代の男性局長をどやしつけていた[*1]。

「どんなことがあっても仲間を売ったらあかん。これが特定局長の鉄則。してないな？　もしあったときは、おれんぞ」

西山は日本郵便で九州支社副主幹地区統括局長、局長会で九州地方郵便局長会副会長という要職を務め、旧特定局長としては九州ナンバーツーの座にあった。同時に、日本郵便では筑前東部地区連絡会の地区統括局長、局長会では筑東地区郵便局長会の会長も兼ね、計72局の郵便局を束ねる立場。紛れもない「有力者」である。

配下の局長がうめき声を絞り出しながら首を横に振る前で、西山は「会社はダメちゅうけど、犯人を捜す」と迫った。捜していた〝犯人〟とは、同じ地区で局長を務める自分の息子の問題を日本郵便本社へ知らせた内部通報者だ。

本社に内部通報があったのは、その3カ月ほど前。地区内の局長6人が連名でしたためた文書を、本社の通報窓口に郵送した。内容は局員への暴力や勤務時間中のゲームセンター通い、社内規則に反した現金の取り扱いなど。親のコネで採用された素行の悪い局長の典型だった。そこで6人は、父親の横暴を恐れて内部通報制度を頼った。

だが、日本郵便は「まともな会社」などではない。

本社コンプライアンス統括部の最高責任者だった常務執行役員の東小薗聡(ひがしこぞのさとし)は、通報文書を受け取った1週間後に父親である西山に電話を入れ、息子について通報が来たことを知らせた。6人に一切断ることもなく。

一方、調査を任された支社のコンプライアンス担当は、酒席で蹴り上げられた局員には話も聞かないなど十分な調査はせず、息子本人が否定したことを頼りに「シロ」と一方的に認定した。*2

西山は担当役員から得た情報をもとに、通報者と疑う局長を呼び出して「クビ賭けきぃか」と締め上げていた。この日に呼び出したのは、息子と同じ部会に所属し、周囲に不満を漏らした局長だった。

「はっきり言っとくけど、俺、本社のコンプラと話してるの。いいか？　オマエの名前、そこに絶対ないね？　あったらどうする？」

「今なら許す。最後ぞ。誰にも言わん。オマエがいま言うたら。5人おろうが！」

西山は脅す相手の親も局長だったことを引き合いに、こんなことも言い出した。

「俺、オマエの親父に言うとくけん。こんなことがあるって。本人はこう言うてますけど、〈名前が〉出てきたときは責任取ってもらいますよって。オマエの親父がオマエを推薦して局長にしたんや。俺が一生懸命、立たんちゅうのを立ててやったんよ。局長会制度だからね。そんな制度を裏切っちゃいかんよ」

西山は自分が近く九州地方会の会長になることや、過去に局長を辞めさせた例があることも口にしながら、じりじりと追い詰めていく。

「統括局長には内部通報があった、投書があったと全部くる。俺ぐらいになるとな、本社がものすごく気を使います。ね、そんなところの息子さんですよ。〈通報文書に〉俺のことも書いてあったらしいわ。息子も『父ちゃんに迷惑かけた』と、そういう事実もあったからほんと反省してますと、泣いて頭を下げてきたんや」

息子は暴力行為などを親には白状していたとみられる。しかし――。

「局長が仲間を売ること、コンプラに上げることは許せん。社員ならいいけど、局長の名前がのっちょったら、そいつらは俺が辞めた後も絶対潰す。絶対どんなことがあっても潰す。辞めさせるまで追い込むぞ、俺は」

郵便局のロビーに流れるオルゴールのようなＢＧＭに、ドスのきいた声がかぶさる。

「名前がのっちょったヤツをオマエは知らんか？　絶対オマエの名前は出てこないな？　約束ばい。いま俺の言ったこと、そげんなるよ」

そんな恫喝が1時間以上も続いたのち、脅された局長はようやく解放されたが、脅迫はまだ終わらなかった。

憔悴して帰宅した局長のもとに、西山の意を受けた部会長が現れ、潔白を示す文書を書いて一緒に持っていこうと促してきた。脅された局長は「私は内部通報に一切関わっていない」と紙に書き、部会長に連れられ、同じ日の午後3時過ぎ、西山が局長を務める新多郵便局へ再び出向いた。[*3]

「よかったら、これをもらってもらえないでしょうか」

「ほかに知っちょうこと、ないと?」

「ほんと何もないです。何かあったら確実にお伝えします」

「じゃ、預かっときましょう」

西山はそう言って書面を受け取り、こう釘を刺すのも忘れなかった。

「ちっちゃなことでも何か煙が上がったら、はよ言えよ。早くそれを消して元に戻らな、いかんばい」

恫喝は「愛のムチ」

九州地方会副会長の西山光則による〝犯人捜し〟は、その2週間ほど前から本格化した。[*4]「息子と知って通報するとは、俺にケンカを売っているのと同じだ。俺の力があれば、だれが通報したかは必ずわかる。今から部会の局長を一人ずつ呼び出す」

２０１９年1月8日、西山は息子と同じ部会でコンプライアンス担当の副部会長の局長を呼び出し、「オマエの息子が郵便局に入れたのも俺のおかげだ」とも語った。郵便局で働く家族を引き合いに脅すのは常套手段である。

同じ日にあった地区会役員会で、西山は「やったヤツは必ず見つけてやる」と息巻いた。息子と同じ部会の部会長は、通報者が部会にいないかどうかを確認していないことを厳しく叱責された。

部会長は汚名を晴らそうと、1月21日の部会の会議で局長の一人が不満を漏らしたことを、すぐ西山へ報告した。西山が翌22日に「俺に挑戦状たたきつけちょろうが」と電話でその局長を呼び出し、冒頭の場面に至った。

この局長を締め上げた1月24日の夜、西山の息子をのぞく部会の全メンバーが地元の公民館に緊急招集された。[*5]

部会長は「ぶっちゃけ言うと、内部通報があった」と切り出し、コンプライアンス部門の調査の経緯を明かしながら、こう説明した。

「内部通報した人がこの部会におるっちゃないのかって疑われている。全員が疑われている。もう会長からは私たちの部会、まったく信用されていない。信用されずにこれから先、どう仕事やっていくの。やれないよと言われて、わかったとはいかない」

部会長は「だから」と言葉を継ぎ、〝犯人捜し〟を始めた。

「皆さんの身の潔白を示していただかないと、私も皆さんを信用して仕事ができない。今から聞きます！」

声を上ずらせながら叫ぶ声が、公民館に響いた。

「私はこの内部通報に関しては一切関わっていません！　断言します！　もし関わっているとあとからわかったときは、職を辞します！　では次！」

他の局長にも同じように宣言するよう促した。即座に抗議の声が上がり、潔白宣言は中断されたが、部会長は必死の形相で続けた。

「万一、関わっているようなことがあったとき、僕の携帯にかけてください。早ければ早いほうがいい。何か知っていることがあれば言ってください」

翌1月25日午前10時。西山はこの部会から選出されていた地区会理事を呼び出し、前夜の部会長による通報者捜しについて「俺は捜してもいいよって言ってんのよ」と擁護。部会で抗議の声が出たことに対し、通報者捜しはいけないと考える者は「会社の人間であって局長会の人間ではない」と斬り捨てた。おもむろに「あんたの息子だってかわいくない？」と切り出し、日本郵便に就職している子どもをだしにして「あんたも俺も、大事な息子やけぇ」と同調を求めた。*6

西山は1月31日朝にも、インフルエンザの感染から回復したばかりの別の局長を自局に呼び出し、つるし上げた。

「あんた、たいしたもんやねぇ。俺、統括局長で会長ばい。具合悪かったっちゃ、『何かあったんでしょうか』って普通は言うんやけど、ずんだれとんねぇ」

「オマエ、だれのおかげで局長になったと思ってんだ、なぁ。奥さんは、どんだけ俺がかばってやりようと思ってんだ」

「あんたたちを俺は局長に推薦し、合格させてきたんや。もう軽んどるわけだ、俺のことをな」

保険営業の成績がふるわないことをなじりつつ、内部通報者への報復もちらつかせた。

「俺は本社に行ってそいつらの名前を全部見てくる。『私じゃありません』っちゅうのがおったら、俺は辞めてもそいつを潰す。どんなことをしても」

「局長ちゅうのは、制度で局長になっちょうきね。最低限、その人たちを売るようなやつはいらない。だから、こいつらは絶対見つける」

平身低頭の局長への説教を1時間半も続け、最後はこう締めくくった。

「まあ、あのー、使っちゃいかん言葉でオマエを恫喝したけども。それは一つの愛のムチと思うてくれ」

西山の態度は、翌日からガラリと変わる。

一致団結できないなら辞めてくれ

2019年2月1日。内部通報があった部会のメンバーのうち息子を除く9人が地元の郵便局に呼び出された。そこに西山光則が突然現れ、土下座して謝罪した。内部通報制度を否定し、恫喝したことをわびてみせた。

一連の脅迫行為は、一部の部会メンバーから九州支社のコンプライアンス室に報告されていた。前日の1月31日には、そもそも通報情報を漏らした本社コンプライアンス担当役員の東小薗聡が福岡県での会議に参加し、そこで西山を注意したことが土下座のきっかけだった。

西山は2月上旬にコンプライアンス室の調査を受け、2月19日には日本郵便社長の横山邦男から「次の統括局長の指名はない」と告げられ、3月末には懲戒戒告処分も受けた。この間に翌年度の地区会長の続投も自ら辞退したが、実は、この頃は1年程度で復帰する腹づもりだった。[*7]

〝裏切り者〟への報復は、ここから組織化されていく。

筑東地区会では2月ごろ、内部通報があった部会メンバーとは「話をするな」「関わるな」という指示が役員から出され、実際に部会メンバーが徹底的に無視されるようになった。[*8]

部会メンバーは3月7日に上京し、全国郵便局長会会長から専務執行役員に転じた大澤誠とコンプライアンス担当役員の東小薗に窮状を訴えた。[*9] ちなみに、当初の通報文書には、西山と親しいとみられた大澤には「言わないでください」と明確に記されていたが、東小薗はそれも無視して大澤に通報内容を暴露し、大澤が自ら部会メンバーに電話をかけていたのだ。

東小薗はその場で「バカ息子のためにオヤジが暴れ、私が注意したから皆さんの前で土下座して謝ったでしょ」と言い、「局長会の活動で仲間外れにされても、子どものケンカと一緒なので会社は立ち入れない」と牽制。大澤も「パワハラって99％立証できないんだよ」と言い放ち、西山が近く統括局長ポストから外れることを告げ、「ケンカする必要はない」となだめて部会メンバーを帰らせた。

3月14日、筑東地区会の新体制を決める評議員会で、地区会理事を務める部会メンバーが、西山による通報者捜しや脅迫行為について報告した。そこで仲間の理解を得るつもりだったが、返り討ちに遭った。[*10]

「いきなり内部通報制度を使うのはいかがなものか」

出席者の一人が切り出すと、部会メンバーや内部通報者を責める声が一気に噴出した。

「さっきの発言は局長会の統制を乱している。局長会の名誉を著しく汚す行為だ」

「会社や九特〈九州地方会〉に相談する前に、なぜ役員会に諮らないのか。この会が信用できんなら、辞めてください」

「相談できんのなら、局長会として一緒にやっていけん。やれんとなら、辞めてくださいい」

「一致団結すると局長会の規約にある。ほんと、辞めてもらいたい」

部会メンバーが「会長が怖くて言えなかった。おわび申し上げます」と謝罪したことでその場は収まったが、攻撃材料を得た地区会幹部らは、そこから報復を本格化させていく。

誹謗中傷で除名、パワハラ受けて休職・降格

筑東地区会評議員会で集中砲火を浴びた部会メンバーは3月18日、新しい地区会長の甲田勝敏（仮名）から地区会理事の辞任を迫られ、受け入れた。[*11] 評議員会が全会一致で理事の解任を決めたのは3月26日。こうした報復に呼応するように日本郵便九州支社も、部会メンバーから

地区連絡会の副統括局長ポストを剝奪し、部会長に降格させた。地区会長になった甲田は当然のごとく、4月1日付で統括局長に昇格した。

「裏」も「表」もトップに立った甲田は、前理事を含む部会メンバー2人の「除名」に動き出す。地区会役員会の決議もへて、2人の除名処分を決議する臨時の地区会総会の開催を決定。通報があった部会をのぞく5部会に対しては、役員らが事前に除名処分の理由を説明する場をつくり、決議が否決されれば役員会が総辞職するとまで伝えていた。地区会で総会前の事前説明が行われたのは、これが初めてだった。

4月27日の臨時地区会総会で、甲田は部会メンバー2人の除名を議題に挙げ、前理事は西山光則への誹謗中傷で、別の部会メンバーは通報者捜しや無視されていることについて周囲に相談したことが除名の理由だと説明した。決議の前に部会メンバー2人の言い分を聴くことはしなかった。

いつもの地区会総会とは異なり、部会単位で別々の部屋に局長を集め、投票の意思を部会長が取りまとめる形で集計した。その結果、賛成58、反対5で部会メンバー2人の除名が可決された。反対票を投じたのは、同じ部会のメンバーだけだった。

この臨時総会で2人の除名とあわせて、西山が地区会相談役に就任した。相談役という肩書も地区会では初めてで、西山のために用意されたようなものだ。一方、除名された2人は地区会の会員資格を失ったものの、地方や全国の局長会組織では会員であり続けた。

5月に入ると、甲田ら数人の地区会役員は除名した2人を訪ね、2人が務める日本郵便の部会長・副部会長ポストを降りるよう迫った。さらに甲田らは九州支社の総務・人事部にも出向き、統括局長による「意見具申」として部会長の解任を求めた。さすがにこれは支社も受け入れなかったが、甲田らは除名されなかった部会メンバーに対しても、地区会への謝罪がないことを責め、除名した2人に局長会バッジを外させるよう要求した。

部会メンバーへの攻撃は、「表」の会議でも公然と行われた。

6月5日に局長30人ほどがいた地区連絡会の定例会議では、地区会を除名された局長が地区会理事から「ケジメをつけろ」「だれが局長会バッジをつけていいと言っているのか」と責め立てられた。この局長はのちに「うつ状態」と診断され、病気休暇を取らざるを得なくなった。

別の部会メンバーは精神的な不調で6月の会議を欠席し、7月5日の会議に顔を出すと、発言の機会は与えられず、会議終了後に地区会理事から「なんでオマエに話かけんかわかるか」「体調が悪くて会議に出られんなら副部会長やめろ」「オマエに気を使いながら会議とかできん。自分で進退を考えろ」などとなじられ、涙を流しながら耐え忍んだ。数日後には抑うつ状態と診断され、数週間の病気休暇に追い込まれた。

この2人は日本郵便九州支社に対し、「統括局長らのパワハラ行為により、副部会長を続けるのは困難となった」などと記した辞退届を提出した。驚くことに、九州支社は届けをそのまま受け取り、２人の副部会長職も解任した。

地区会長の甲田は９月初め、残る部会メンバー数人に対して三つの選択肢を提示し、話し合ってどれか一つを選ぶよう迫った。①除名した２人に西山と地区会役員に謝罪させる、②除名した２人と親交を断つ、③残るメンバー全員も局長会を脱退する、の三つだ。２人の除名に反対だった部会メンバーたちは９月中旬、示された選択肢はどれも受け入れられないとする回答書を甲田に郵送した。

それから１カ月余りが過ぎた10月25日、内部通報に関わった局長を含む計７人が西山や甲田ら３人を相手に民事訴訟を起こした。西山の脅迫行為に対する警察の捜査も、同時期から始まった。

パワーで押し切って規律をただす

新多郵便局長の西山光則は２０１９年10月29日、福岡県警直方署で事情聴取に応じていた。そこで西山は２０１９年１月に配下の局長を脅して通報者だと明かすよう迫ったことを認め、動機をこう語っていた。[*12]

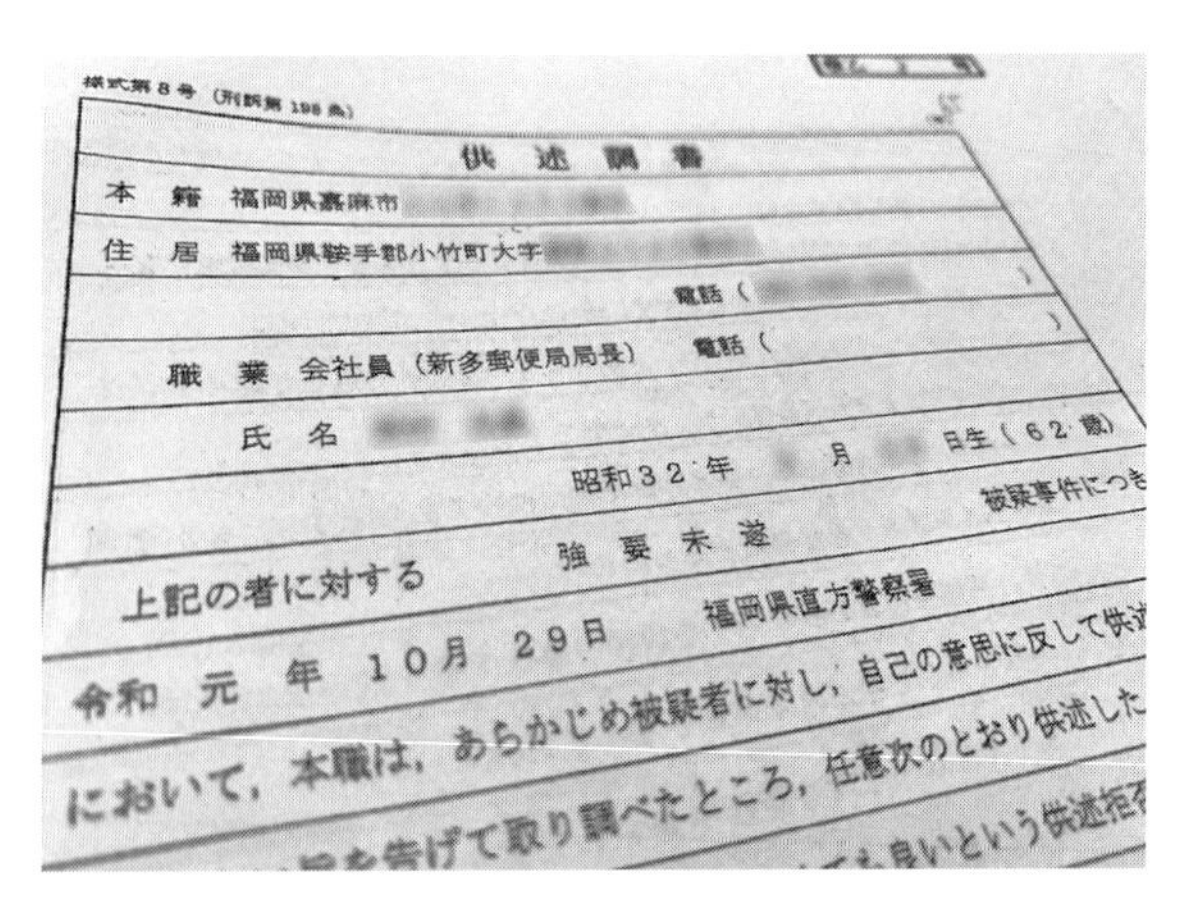
様式第8号（刑訴第198条）

供述調書

本籍　福岡県嘉麻市

住居　福岡県鞍手郡小竹町大字

電話（　　　）

職業　会社員（新多郵便局局長）　電話（　　　）

氏名

昭和32年　月　日生（62歳）

上記の者に対する　強要未遂　被疑事件につき

令和元年10月29日　福岡県直方警察署

において，本職は，あらかじめ被疑者に対し，自己の意思に反して供述

を告げて取り調べたところ，任意次のとおり供述した

福岡県警が作成した
日本郵便九州支社副主幹地区統括局長の供述調書

「今回の通報は青天の霹靂だった。防犯担当局長に報告せず、手順を踏まず、本社に通報したという面が納得いかなかった。立証できない程度の件で息子が通報されたことへの腹立たしさも当然あった」

「その通報者だとほぼ確信している私は詰め寄った。パワーで押し切って、局長内の規律をただそうとも思った。パワーとは地位のこと。だが、パワーを使っても、通報者だと認めさせることはできなかった」

西山は2020年1月14日、強要未遂容疑で福岡地検に書類送検された。

並行して進む民事訴訟で2月、主張をやや軌道修正させつつ、脅迫行為をこう正当化した。*13

「通報者が社員であれば仕方ないが、局長であれば、局長会の一致団結が乱れることを防止しなければいけないと考えた。通報者捜しをする思いは全くなかった」

「脅すつもりはなかった。自分の家族、子どものように思い、何でも話せる間柄と思っていたので、局長会の和を乱すことはしないだろうなと指導する気持ちが強すぎたのかもしれない」

「つい言葉が過ぎたかもしれないが、あくまで指導のつもりだった。私の性格をよく知るが故に、強い言葉を引き出そうとしたのではないか」

身内の不祥事は身内だけで解決するのが組織の〝規律〟であり、その〝規律〟を維持するためには「地位」によるパワーが有効だという考えが如実に表れている。

西山は自身の責任を軽くしようとしたのか、「局長会は実質的に人事権を握っていない」「局長会が局長になるべき人物を推薦することはない」などと述べてみせた。被害者が通報制度を頼ったのは、人事などで圧倒的な権限を握る統括局長を恐れたためだとする主張への反論だ。

どちらの主張が真実かは、はっきりしている。

「県警からワンワンやられてる」逆ギレするコンプラ担当

「福岡県警からワンワンやられてるんだよね。ギャンギャン言ってくる。そんな状況で知らぬ存ぜぬはダメだと思って、会ってくれるならと」

２０１９年12月25日、福岡・博多駅近くの貸会議室。日本郵便コンプライアンス担当の常務執行役員、東小薗聡が、脅迫事件の被害者ら数人と向き合った。[*14] 本社コンプライアンス統括部専門役や九州支社の副支社長、本社の顧問弁護士も引き連れていた。

率直に意見を交わす場とするはずが、東小薗は自身が全国を飛び回り、かんぽ不正問題で多忙を極めるなか、いかに無理をしてやって来たかを強調。その後は釈明と自己弁護をない交ぜにした主張を繰り返した。

「会社のやり方にも不満があるだろうし、ぬるいと思われるかもしれないが、〈西山の〉息子の関係はあれが限界だった。調査能力が足りなかったと言われたら、おわびするしかない」

冒頭にわびてみせたものの、通報内容が漏れたと疑う被害者の声には、強く反応した。

「通報内容を漏らしているヤツを捜せっていうの？　漏れてないもん。調べられた人が犯人捜しするのは、いっぱいあるんだよね。漏れるようなバカな調査は、私はしていない」

「コンプラ統括部のトップとして、年間２千件近い内部通報をやっていて１件も漏らしたつもりはない。承服できない」

同席した顧問弁護士も援護射撃した。

「これだけは言えるが、少なくともコンプラ統括部が動くときは、検察の捜査並みに徹底してやっている」

一連の脅迫行為からは、西山が通報者名までは把握していなかったものの、通報の事実と通報者のおおよその人数、通報内容の一部を特定していたのは明らかだった。せめて統括局長との情報共有のあり方を見直すべきだという意見も出たが、顧問弁護士があっさりと退ける。

「僕は少なくとも十何年か顧問をやっているが、コンプラ室の調査でここまで動かれたのは初めて。極めてレアなケースだから、それをベースに制度を作るのはちょっとあり得ない」

周囲からの嫌がらせについては、東小薗が「無視されるのを無視するなというのは難しい」「嫌いだからって好きになりなさいということまではできない」と消極的な姿勢を貫いた。それでも被害があれば守ると口にする東小薗は、書面での確約を求められると、態度を豹変させた。

「本当に書面を求めてんの？　そんだけ会社が信用できないの？　守るって書けって究極だと思うけど、そこまでやるの？　紙でよこせって、信用できない究極じゃない？」

通報制度への不安が周囲の社員にも広がっているとも指摘されたが、東小薗は強引に幕を下ろした。

「内部通報する人がいっぱいおるっちゅうことは、通報しやすい環境にある、守られているからだと自負している。信用ならないってなると、担当としてはすごくショック。反省はする。こういう特異な事例でも、そうならないように努力する。これで勘弁ってわけじゃないけど、通報制度の一番の担当トップがお約束します」

日本郵便が東小薗による情報漏洩の事実を受け入れるまでに、それから1年半以上の月日を要した。

選挙で通報されたら簡単にクビが飛ぶ

西山光則による脅迫行為が表沙汰になったのは、福岡県警直方署が2020年1月に書類送検したことがきっかけだ。

私は朝日新聞で、通報者潰しの実態や日本郵便での通報内容の事実認定率が極めて低いことも取り上げ、内部通報制度の機能不全を指摘する連載も組んだ。この間も、日本郵便は私の取材に「通報には適切に対応している。通報の情報共有は原則しない」と嘯(うそぶ)いていた。[*15]

日本郵政社長の増田寛也は2020年7月、自ら設置した外部有識者委員会に通報制度の検証を依頼した。有識者委は委員の一人、元検事で弁護士の横田尤孝(ともゆき)が調査を担い、検証報告書を2021年1月に公表した。[*16]

報告書によると、内部通報の社外窓口を請け負う法律事務所が、通報者の同意がなくても、受け付けた通報内容をそのまま日本郵政の担当者に伝え、通報者が特定できる内容も含めて垂れ流し、各子会社にもただ漏れだった。各社の支社コンプライアンス部門には、調査や事実認定の能力が不十分な担当者が配置され、日本郵便では通報を支社に丸投げする「支社等対応」が多かったことも指摘された。ただし、福岡で起きた脅迫事件については何も調べず、根本原因である局長会の問題にはメスを入れなかった。

日本郵便が西山らへの処分を改めて下したのは、当初の処分から2年後の2021年3月末から4月初めにかけて。西山は戒告処分を取り消して停職1カ月の懲戒処分とし、通報者らにパワハラを繰り返した別の局長も停職1カ月の処分を受けた。通報者捜しをしたり降職を迫ったりした局長計7人にも減給や戒告などの懲戒処分を下した。

西山は2021年3月末に強要未遂罪で在宅起訴され、6月には懲役1年執行猶予3年の有罪判決を受けた。

日本郵便は西山の有罪が確定したのちの7月16日、ようやく、コンプライアンス担当役員の東小薗聡が通報内容の一部を漏らしたのは不適切だったと認めた。[*17]

ところが、東小薗は同年春にすでに退任したあとで、報酬の一部を返納させるだけの軽い処分で済ませた。九州支社でのパワハラ指導も不十分だったとし、当時の人事部長らにも訓戒の懲戒処分が出た。退職した元支社長・副支社長3人も戒告相当だとしている。

外部有識者委による検証結果も踏まえ、通報情報の共有範囲を明確にして通報者保護を強化するなど、ある程度は制度運用の改善が図られたところもある。

有力郵便局長に有罪判決を下した福岡地方裁判所

ただ、事件の核心部には頑なに立ち入ろうとしない。

日本郵便常務執行役員の志摩俊臣は東小薗の処分発表にあわせた記者会見で、脅迫行為の動機や局長会での除名行為も含めて、局長会にかかわる質問には「調査のターゲットに入っていない」「答える立場にない」「お答えを差し控える」と固く口を閉ざした。[*18] 通報者が拒んだにもかかわらず、東小薗が通報内容を元全特会長の専務に知らせていたことについても、「好ましくはなかったが、専務は郵便局担当で、規定違反とは考えていない」と言うのがやっとだった。

だが、中途半端な幕引きは、腐敗を根絶するチャンスを逃すことを意味する。

西山が配下の局長をロビーで脅し、企業統治に欠かせない内部通報制度の根幹を否定したのは、郵便局長会という任意団体の〝団結〟や〝絆〟を守るためだった。

犯行当時、西山は局長による通報は決して許されないと説きながら、こんなセリフも吐いていた。

「局長会ちゅうのは、選挙もやる。選挙違反かもしれんこと、やるよ。『仕事時間にお客さんとこ行って選挙活動してますよ』と〈通報で〉あげられたら、危なっかしくてできんもん。〈略〉ぜんぶクビが飛ぶ。俺なんか、簡単に飛ぶよ。みんな飛ぶよ……」

日本郵便も西山のこの発言を把握しながら、あえて見過ごすことにした。恒例の「見て見ぬふり」である。

「選挙違反」発言についても記者会見で尋ねたが、その場では答えず、あとになって「結束の度合いを示す一つの『例示』であり、それが直ちに法令等違反の行為ではないと考えられる」（日本郵便広報室）と返してきた。[*19]

不正の兆候に目をつぶって放置する日本郵便のガバナンス不全が、局長会という組織の腐敗にも拍車をかけている。

「同一認識・同一行動」が組織の原点

新多郵便局長の西山光則は、改めて懲戒停職処分が出たことを受け、２０２１年４月１日に自ら退職届を出して受理されていた。

福岡地裁での民事訴訟で、西山は当初、局長会は人事への実質的な権限など有していないと主張したが、次章で詳報する日本郵便の人事担当課長らの供述が、西山の主張をあっさりと崩した。民事訴訟は２０２１年10月、福岡地裁が西山と仲間の局長計３人に約２００万円の賠償を命じて決着する。

西山は辞職して間もない２０２１年４月20日付の陳述書で、悔しさを吐露していた。[*20]

「今回の騒動ですべて失った。すべて一致団結、さらなる飛躍を願っての行動で、内部通報の報復の意味合いなど毛頭ない。ここまでの仕打ちを受けなければならないことだったのか」

６月４日の証人尋問で福岡地裁の法廷に立った西山は、12キロほどやせたと明かしながら、局長会に対する考えをこう語った。[*21]

「昔から同一認識・同一行動というふうに、同じ方向を向いて、同じ目的を達成するために力を合わせていくのが局長会の原点かなと思っている」

西山が守ろうとした組織の〝団結〟や〝絆〟とは、メンバーが同じ方向を向いて力を合わせる〝同一認識・同一行動〟という価値観に支配されたものだった。それが局長個人の人権はおろか、会社の内部統制より優先されるという考えが、恐ろしい脅迫行為に走る動機だったのだ。

西山は脅迫行為のさなか、自分が近く九州地方会の会長に上り詰める存在であるために「本社がものすごく気を使う」とし、過去に問題があった局長を〝穏便〟に降格させた例も持ち出しながら、自分の力の強さを誇示していた。配下の局長を脅して無理やり白状させようとする蛮行が、局長会幹部が持つ「パワー」によって裏打ちされていたのは間違いない。

西山も法廷では、自身の弁護士に促される形で、局長会の問題点を挙げた。

「同一認識・同一行動と先ほど申し上げたが、今は果たしてそういう時代ではないのかなと。社会の変化についていくスピードが遅いのか、あるいは考え方そのものが間違っているのか。そういうところを今から局長会は取り組んでいかないといけない」

被害者の代理人弁護士で元東京高検検事の壬生隆明から「団結や飛躍のために脅していいのか」「被害者は局長至上主義の犠牲者ではないか」と追及されると、西山は謝罪と反省の弁を繰り返した。「局長会をなくしたほうがいいのではないか」と迫られると、しばらく沈黙したのちに、こう絞り出した。

「時代の流れにマッチしていないのは事実だろうと思った。一方で、局長会が地域に根ざし、約2万のネットワークを使って地域の発展に寄与していくことは大きな財産。今後、いろいろ形を変え、せっかくある局長会だから、私は発展していってほしい、なくすことはしてほしくないという思いが正直なところだ」

西山の言葉が組織の改善に生かされることは、おそらくないだろう。

筑東地区会では、内部通報があった部会メンバーの無視が続き、一部の局長を除名処分とした蛮行を見直すようなことは起きていない。内部通報者への「イジメ」は、いまもなお組織内では健在なのだ。

地区会の上部組織である九州地方会や全特もダンマリで、関与して改善を促した形跡はない。「裏切り者は許さない」という意思表明は、結局、そのまま維持されている。

日本郵便九州支社も局長会内でのパワハラを黙認し、会社も関与した「報復人事」を見直すことはしていない。刑事や民事の判決が確定したあとの2022年春の局長人事でも、不当な理由で降格させた局長たちの役職や手当を回復させていない。通報者の冷遇はその後も続き、パワハラに加担して懲戒処分を受けた局長の一部は、その後も統括局長などの要職を占め続けている。

仲間を売ってはいけないという特定局長の「鉄則」は、いまも連綿と組織のなかに、そして日本郵便という企業のなかで守り継がれている。

日本郵便と親会社の日本郵政に、もはや「人権」を語る資格などない。

第九章　会社人事を操るカラクリ

「参院選で最低40票」が採用条件

「最低40票は集めてもらうぞ。できるな？」

　九州地方の郵便局で働いていた日本郵便の男性社員は、直属の局長からそう念押しされた。局長になれと誘われ続け、根負けして受け入れた直後のことだ。[*1]

　40票とは、参院選で求められるノルマを指す。気圧された男性は「頑張ります」と応じざるを得なかった。２０１９年の参院選が近づいていた。

　局長たちが休日や夜に駆り出され、政治活動に邁進する姿は以前から目にしていた。それが局長になどなりたくない最大の理由だった。実際に局長への誘いを断る同僚は多いのだが、地域で強い権限を持つ局長に何度も請われるうちに拒みきれなくなった。

　条件をのんだあとは、地区会の幹部数人による面接が待ち受けていた。そこでも政治活動に取り組むことだけは強く確認された。

「局長会が応援する候補の票集めを頑張ること。それも局長の大事な仕事の一つだ」

威圧的な物言いに、「はい」以外の答えは許されない。40票は「集めないと困る最低ライン」と教えられた。

その場で局長会の推薦を受けることが正式に決まり、局長会による研修が始まった。現役の局長から採用試験や面接対策の指導を受ける。政治信条を捨ててでも選挙に協力する者だけが享受できる特権だ。研修は公民館を借りることもあれば、先輩局長の局舎の一角で行われることもあった。

秋から冬にかけて日本郵便の局長採用試験があり、年末には合格を告げられた。

翌年春に局長に就くとまもなく、地方郵便局長会主催の「新任局長研修」に呼ばれた。会社が実施した新任局長研修とは別で、平日の昼間に休暇を取るよう求められた。

ホテルの宴会場へ出向くと、日本郵便の九州支社長らが出席する前で、地方会幹部らが代わる代わるあいさつし、そこでも政治活動の重要性が繰り返し説かれた。

研修が終わると、流れ作業で書類に名前を書かされた。局長会への入会申し込みのほか、銀行口座の自動引き落としの伝票もあった。翌月から様々な名目のお金が引き落とされた。

自民党の党費は局長会の会費の一部で賄われ、政治団体「郵政政策研究会（郵政研）」への寄付金は、局長のランクに応じて強制徴収される。個人の費用負担は初年度で30万円を超え、翌年以降も年20万円超を払わされる。

業務時間外の活動があることは覚悟していたが、お金がこれほどかかることは局長になってから初めて知った。当たり前のようにお金を徴収されるばかりで、後戻りできる余地はなかった。

これが日本郵便という企業で、局長ポストに就くためのプロセスとして常態化している。地域によって差異はあるものの、政治活動への参加を約束させ、局長会組織に強制加入させる構図は全国共通だ。

ある人事担当課長の告白

福岡地方検察庁の検察官が作成した1通の供述調書に、こんな言葉がつづられている。[*2]

「会社が方針決定するに当たり、局長会の影響力はとても大きいと感じる。昔から俗に、会社は『表』、局長会は『裏』と呼ばれてきた」

日本郵便九州支社に所属する49歳の人事担当課長が２０２０年12月、福岡地検の任意の事情聴取に応じたときに作成されたものだ。地検が捜査していたのは、九州支社の副主幹地区統括局長だった男が配下の局長をつるし上げた脅迫行為だ（詳細は第八章参照）。

局長会が会社の局長人事に圧倒的な影響力を及ぼすことは、日本郵政グループ内では「公然の秘密」だ。ただ、それが公に語られることはめったにない。

ところが、2021年5月にあった脅迫事件の刑事裁判の冒頭陳述で、福岡地検は旧特定郵便局の局長について「局長会の推薦、研修などを経て採用試験を受け、採用後は局長会に加入するのが通例だ」と明かし、日本郵便での局長の役職と局長会の地位が「事実上連動していた」と指摘した。「公然の秘密」がいよいよ公の舞台で語られ始めた瞬間だ。

日本郵便社長の衣川和秀は続く6月の記者会見で、福岡地検の指摘を強く否定し、局長人事について「局長会でお決めになったことを追認するようなことはない」と反論した。日本郵政で人事担当役員も務めた経歴を持つ衣川だが、実際に局長会側が先行して決める地位と日本郵便が人事で決める局長の役職がほぼ一致していることは、〝偶然の一致〟なのだとまで主張してみせた。[*3]

しかし、福岡地検の指摘には当然ながら、根拠があった。人事担当課長の供述調書には、局長の採用から昇格に至るまでの人事の構造が、詳細につづられていた。しかも、証言したのは課長一人ではない。福岡地検は複数の人事担当者に加え、被疑者を含む計3人の統括局長経験者も聴取し、局長会による人事への介入を確認していた。

日本郵便の社長が堂々と否定した福岡地検の指摘は、のちに刑事や民事の地裁判決でも事実として認定されていく。ウソをついたのは、日本郵便社長のほうだったのだ。大企業のトップがなりふり構わず虚偽の説明まで繰り返すのはなぜか。たがの外れた企業ガバナンスの醜態を隠すためだったに違いない。

「公募採用」のウソ

供述調書の中身を、詳しく見ていこう。

九州支社の人事担当課長は、局長の採用実態について、こう明かしていた。[*4]

「公募制としているが、実態は、局長会が候補者を探して育成し、その候補者が採用試験を受けることがほとんど。この実態は、郵政民営化の前後で変わっていない」

日本郵便では確かに、支社ごとにホームページ上で局長採用試験への応募を呼びかけている。だが、その内実は公募とはほど遠い。

人事担当課長の調書では、局長会推薦の候補者情報は、支社側が地区統括局長らから「内々に情報提供していただいている」と明かしている。推薦があっても「すべて合格させるわけではない」としつつも、局長会と無関係の応募者は「不合格になるケースが多い」「私の経験上は採用したことがない」と率直に語っている。

最終的な人事権限は会社側にあり、局長の採用も「100％言いなり」ではないが、推薦し

日本郵便の局長採用の構図

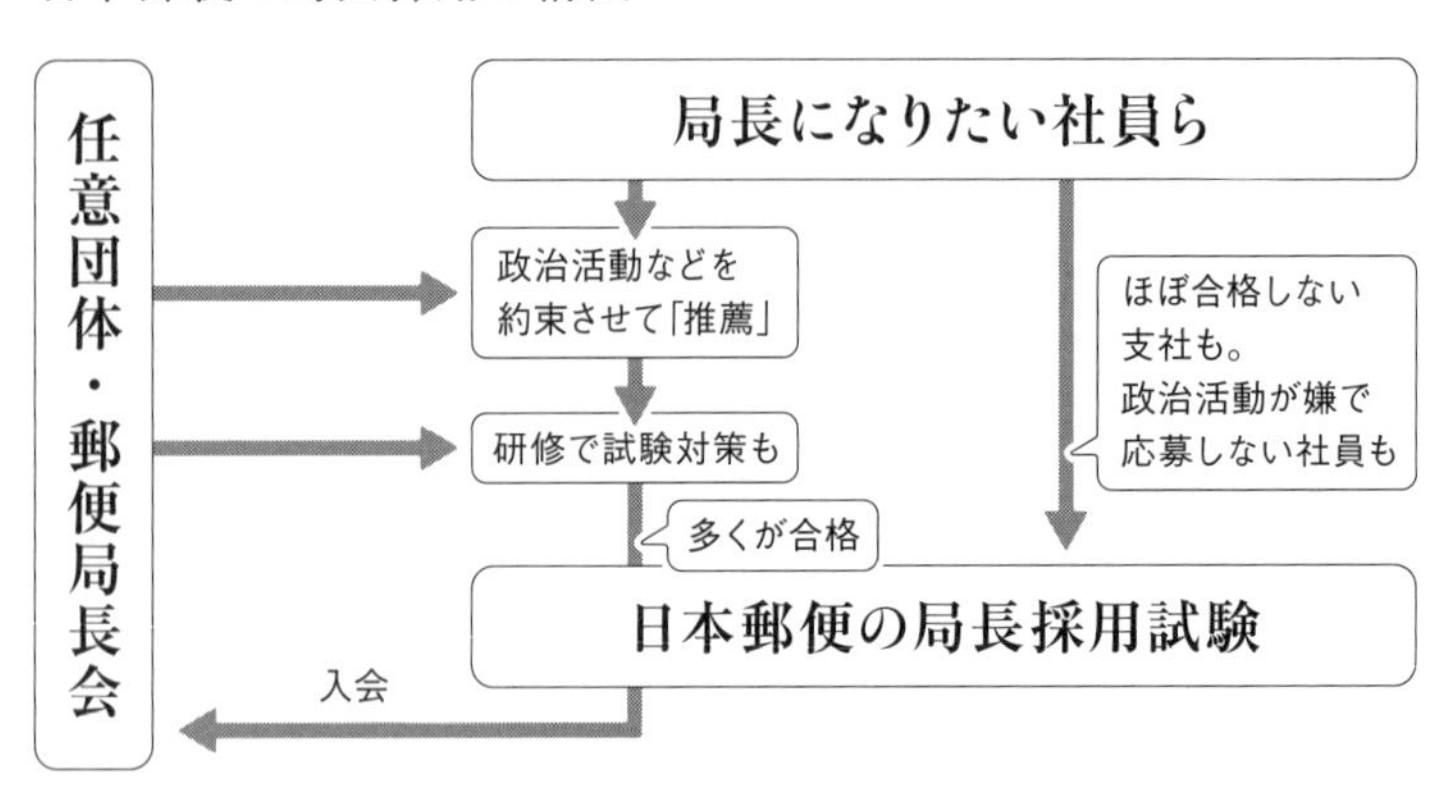

※日本郵便の人事担当者の供述などをもとに作成

た候補者によほど大きな問題がない限りは、局長会の意向はそのまま反映されるということだ。

福岡県で2019年に統括局長となった局長も、福岡地検の聴取に対し、採用への介入について説明していた。[*5] 内部通報者を脅したパワハラ局長の後任として、通報者への報復を主導した人物だ。

この統括局長によると、退職を予定している局長らに後任となる「後継者」を見つけさせたのち、地区局長会で候補者とその妻を面接し、決意の固さを確かめる。候補者と認めれば、現役の局長による研修を1年ほど受けさせ、「局長を辞めるときは仕事を辞めるくらいの覚悟を持つように」とたたき込むという。

局長会の推薦は支社側に非公式に伝えており、その結果、不採用となるのはごくまれで、面接をしくじっても「再面接」となる特例があることも明かされている。こうした「特別扱い」のルートで局長に就かせることで、新任の局長は「恩義」を感じて当然のように局長会へと入ってくる、と説明している。

全特が策定した「後継者育成マニュアル」

局長の公募採用は形ばかりだという九州支社の人事担当課長や地区統括局長らの証言は、全国郵便局長会（全特）が2019年に策定した教材「郵便局長の後継者育成マニュアル」からも裏付けられる。[*6] 退任する局長が後継者を見つけて育てるための「指針」としてまとめられたもので、組織力の維持や強化に向けて「早い段階から組織の目的と活動を理解させ、帰属意識を高めること」が目的だと書かれている。

後継者はどのように選び、育てるのか。マニュアルには、こんな「発掘・育成プロセス」が例示されている。

【発掘プロセス】

① 退職予定の局長らが「必要な資質」を踏まえ、候補者をおおむね3年前までに選定して

おく

②退職予定の局長は退職希望3年前の年度の4月1日に「後継者推薦調書」を部会長経由地区会長に提出する。部会長及び地区会長は、候補者の「人物調査・面接」を実施し、推薦を総合判断。推薦を得た候補者は育成プロセスへ移行する

【育成プロセス】（※局長の試験は就任の前年秋～年末）

①試験前年の9月30日まで：研修を四半期に1回程度開催し、モチベーション維持にも努める

②試験前年の10月1日から：全特の歴史・変遷、しくみ、目的を理解させ、政治活動・選挙運動、地域活動の重要性について理解を深めさせる。育成研修の最終章で「公募試験対策」も重点的にアドバイスする

③合格発表後の1～3月：事前指導期間として部会会議への陪席等を実施し、円滑な局長引き継ぎに努める

実際の慣行は、地区会によって異なる。律義にマニュアルに従う地区会もあれば、もっと短期間で候補者を決めて育成する例や、候補者が見つからずに直前まで探し続けるケースも。面

接を仰々しく行う例もある一方、役員に菓子折りを持ってあいさつに行くだけで済ませる地区会もある。

ただ一つ明確なことがある。局長を選ぶのは日本郵便ではなく、局長会だということだ。

優秀な社員を局長に採用できない理由

「局長任用の公募でも、基本的に局長会が推薦する人が合格するようになっている」

2020年1月にあった全特の会合で、会長の山本利郎は当然のごとく言及し、こう解説を続けた。*7

「既得権益と見られると困るので、公募という制度をつくった。局長会を発展させるために、会社といろいろ話し合って今のスキームができたということを、しっかり理解いただきたい。『私が推薦した社員をなんで局長にしないんだ』と言うと、またおかしなことになります。会社とのあうんの呼吸を維持していかないと、世論が許さなくなります」

山本はさらに、「局長の子弟が後継者として資格がある」と世襲を優遇する考えを示し、「自分の子弟については、責任を持って教育をしてほしい」と求めた。

全特が策定した「郵便局長の後継者育成マニュアル」には、組織がどんな人材を求めている

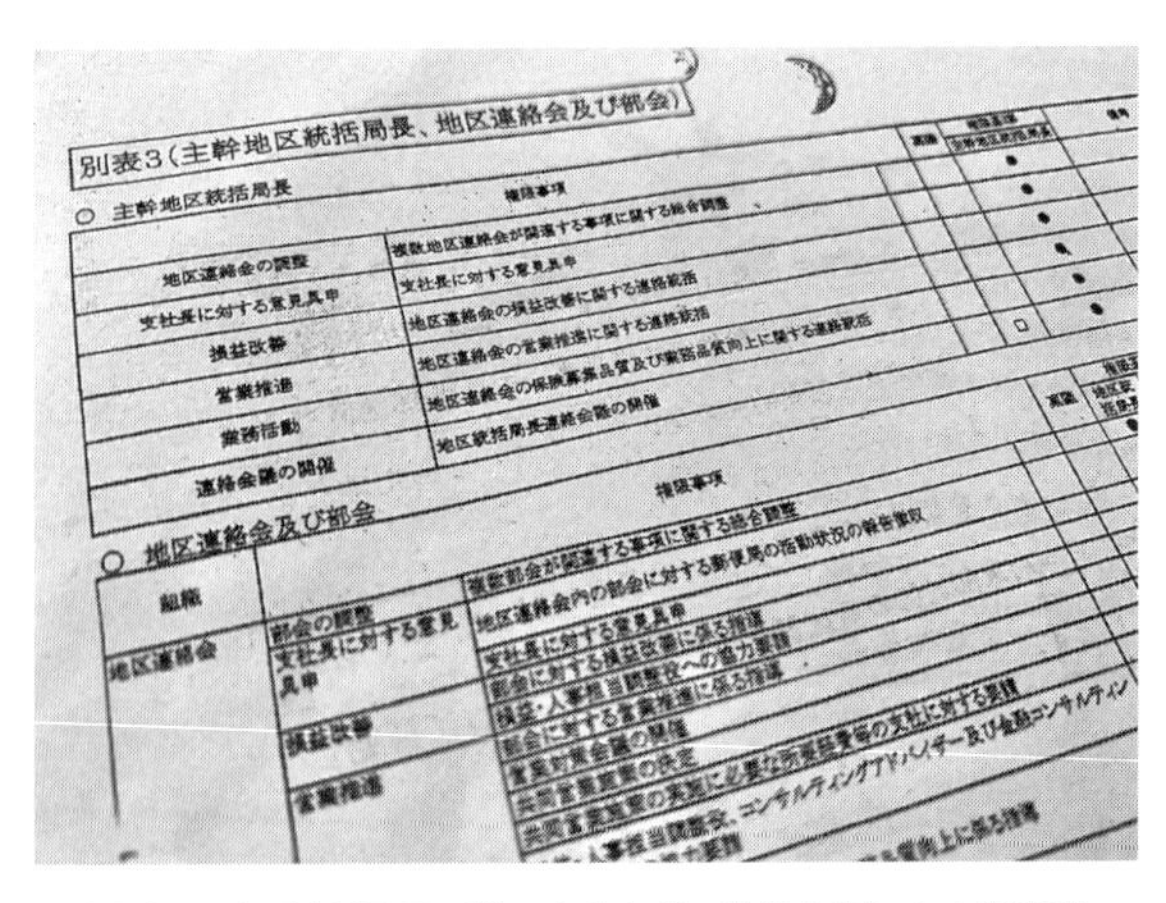
別表3（主幹地区統括局長、地区連絡会及び部会）
○　主幹地区統括局長
権限事項
地区連絡会の調整
支社長に対する意見具申
損益改善
営業推進
営務活動
連絡会議の開催
複数地区連絡会が関連する事項に関する総合調整
支社長に対する意見具申
地区連絡会の損益改善に関する連絡統括
地区連絡会の営業推進に関する連絡統括
地区連絡会の営業推進に関する連絡統括
地区統括局長連絡会議の開催
○　地区連絡会及び部会
組織
権限事項
地区連絡会
部会の調整
支社長に対する意見具申
損益改善
営業推進
複数部会が関連する事項に関する総合調整
支社長に対する意見具申

日本郵便の地区統括局長が持つ人事などの権限を記した内部資料

かが記されている。[*8]

発掘段階で見極めるべき「必要な資質」は、①地域への奉仕に使命感を有する人、②地域の人々に信望があり、リードできる知識・教養を有する人、③郵便局制度に深い理解を有する人、④指導力、渉外力、管理能力、経営能力を有する人、⑤強い精神力、体力を有する人、⑥情報を収集・分析し、それを活用できる能力を有する人――としている。

さらに、事前にチェックすべき三つの「確認事項」として、①強い意志で志願していること、②配偶者がいる場合は配偶者も同席させて面接し、理解と協力意思があること、③重大な交通違反歴やコンプライアンス違反歴、多重債務の前歴がないかヒアリング――を挙げている。日本郵便のホームページでは「郵便局経営に責任を持ち、お客さまの信頼を担い得る人材」と書いてある程度なので、局長会のほうがより具体的だ。

「世襲」を優遇し、「配偶者の面接・協力意思」を重視する点については、この10年余りで緩和されてきたように映る。

全特に先駆け、関東地方会が2013年3月に作成した「後継者育成マニュアル」には、後継者の選出順位は「第1順位　現局長の子弟・親族」「第2順位　任地居住で地縁性を発揮できる局長推薦者」「第3順位　郵便局長会に理解のある社員」と明快に記されていた。[*9] 留意事項として「地区会に影響力のある役員は自ら手本となるべく子弟・親族を最優先で後継する」「子弟を後継させることの出来ない場合は局舎の譲渡も視野に入れる」と念押ししていた。この時点では世襲がはっきり優先されていたが、2019年の全特版マニュアルでは選出順位の記述は盛り込まれなかった。

山本の言葉にも表れたように、世襲を優先する慣習は確かに残っている。それでも世襲ではない局長が増えている状況に配慮して、明言や明文化を避ける傾向が強まっている。

局長の配偶者についても依然、各地で組織化された夫人会に入れて会費を払わせ、政治活動にも参加させることを強く求めている。政治活動の動員として重要だからだ。ただ、10年ほど前は、独身者が局長となることを認めなかったり、共働きの配偶者が面接を拒否したことで推薦を取りやめたりする例がざらだったのに対し、ここ数年は独身でも局長として認め、配偶者の面接を求めない地区会も増えてきた。そもそも全特のマニュアルの存在を知らずに後継者を探しているという局長も少なくない。

実態は、退職する局長が自ら後継を見つけることが「局長選任」そのものであり、最優先の掟だ。局長が後継候補に挙げれば、世襲かどうかにかかわらず、たいていはそのまま推薦が決まる。

中国地方で局長候補者の研修を担う局長が打ち明ける。[*10]

「こんな人で大丈夫なのか、と心配になるような人でも、局長会の推薦を受けて合格していく例がざらにある。局長会に従順で、政治活動を頑張るとさえ言えば、どんな人材だって推薦しちゃうのが現実です」

世襲や配偶者の協力へのこだわりが弱まったのは、後継者不足が深刻化しているからだ。世襲にこだわらず、配偶者がいなくても容認することで、人材獲得の間口を広げてきたというのが実情だ。

政治などの活動に休日を捧げ、政治信条を捨ててでも局長会に身をゆだねてもらうことは、組織活動の中心であり、決して譲れない。ただ、そのこと自体が、人材の獲得を難しくしている一番のボトルネックでもある。

退職予定の局長が自ら後継者を見つけられない場合は、同じ部会や地区会の局長らが協力して後継を探す。ターゲットはおのずと、郵便局で働く一般社員となる。

局長会に入って多額のお金を負担し、私生活をなげうって政治活動に身を捧げられるかどうか。

後継者のスカウト役を担う局長らによると、業務能力の高い社員を勧誘しても、政治活動を強いる局長会の存在を理由に、たいていは断られてしまう。なかには局長会による研修の途中で、異常な組織体質に辟易して採用試験の受験をやめた例さえある。[*11]

後継者探しに苦戦している東海地方の局長が嘆く。

「局長会の存在自体が、有能な人材を局長に引き上げる最大の妨げです。現場の社員には、拝むようにして局長にならないかと誘って回る。これでは何のための局長会なのか、何のための政治活動なのかもわかりませんよね」

局長会の評価が昇格・昇給に直結するシステム

局長会による会社人事への介入は、局長として採用された後も連綿と続く。

「会社と局長会は『表裏一体』と表現される。役職が基本的に連動するからだ」

福岡地検の2020年末の事情聴取に対し、福岡県の地区統括局長はそう証言していた。[*12] これは人事担当課長が「会社の役職は事実上、局長会の役職と連動している」と同時期に供述していた内容とも一致している。[*13]

「裏」と「表」の人事を連動させるシステムの根幹を担うのが、全国に238人いる統括局長だ。彼らは局長会の会長を兼ね、「大多数は先に決まる局長会の役職と連動させた意見を上げてくる」（人事担当課長）。不祥事のような特殊事情をのぞけば、支社が統括局長の意見を尊重して人事を決めることで、人事が連動する構造となっている。

局長会では、毎年2月ごろに地区会総会を開くのが通例だ。役員の改選がある場合は、選挙などの手続きを済ませたうえで総会に臨み、地区会の役員人事を正式に決める。上部組織の地方会は3月に総会を開き、ここで地方会の役員体制を決定する。

日本郵便の局長人事は4月1日付が中心で、局長会の人事を追認するように各支社が同じ役職を割り振っていく。支社が統括局長の意見をもとに人事を決めるためだ。

「表」の人事が「裏」の人事に連動することで、結局、局長会で評価されて地位を高めていくことが、連動して会社の役職も上がることにつながる。会社の役職が上がると、役職に応じて支給される手当も増える。

手当は月額で、部会長が2万6400円、副部会長でも1万5400円をもらえる。[*14] 統括局長になると6万3000円、副統括局長で4万7000円。主幹・副主幹になると7万円、6万5000円にアップする。年額では相当な収入増だ。

つまり局長会での評価は、局長の収入に直結するのだ。上位の局長に気に入られるかどうか。選挙でどれだけ票を得たか。「世襲」や「自営局舎」であること自体も評価につながりやすく、そうした評価が日本郵便における評価や収入を左右する。

反対に、局長会で評価されず地位も変わらなければ、仕事の能力がいくら高くても、日本郵便での昇格は見込みにくいということになる。

役職や手当だけでは済まない。

統括局長は地区内の郵便局について、社員の配置や、ボーナスや昇給に響く人事評価に対して意見や案を示す権限を持つ。人事部門はそうした統括局長の意見や案もまた、不祥事でもない限りは尊重して反映する。

このため、統括局長は自局や気に入った局長のもとに業務能力の高い社員を配置し、人事評価も甘くする半面、気に入らない局長には新人や営業成績の悪い社員をあてがい、人事評価も下げる行為が各地で横行している。

全特への入会時に渡される全特バッジ

最初から局長会に入らない者は当然のこと、万一にも局長会を抜けるような輩がいれば、差別的な扱いや報復の対象となるのは、組織にとっては必然だ。
「局長会に所属する局長だけが、会社内で局長として扱われるべきだ」
福岡県の統括局長は調書のなかで、そんな考えがあると認め、途中で局長会を辞める場合の不利益をこう説明していた。[*15]
「局長会の強い結束から外され、『物言うな』という雰囲気になる。何より疎外感があり、仕事はやりづらくなる」
脅迫事件をめぐる福岡地裁の民事訴訟判決も、日本郵便では「ほぼ全局長が局長会に所属」し、会を抜けると「疎外感を感じ、情報を得られず、仕事上の支障が生じ得る」「役職に就くことは困難」と認定している。
実際に局長会を抜けた局長が局員配置などで差別的な扱いを受ける様子を目の当たりにした中堅の局長は、あきらめ顔で語る。[*16]
「会を抜けた局長は仲間外れにされ、部会長は『人員を減らしてやる』と言っていた。かわいそうだけど、手助けしたら自分もイジメの対象になる。仕事は多少きつくなるし、出世もできないけど、休日の政治活動や何十万円もの支払いは免れられる。ある意味、組織よりも地域や顧客と本音で向き合える。その代償だと思うしかないですね」

出世レースの駆け引き

局長の出世コースは、どのようなものか。

まずは最小集団である部会で副部会長や部会長を経験し、部会長の立場で地区会の役員をめざす。組織内では、入社年次や年齢よりも、「局長在任年数」が重視される。世襲であること、局舎を自ら持っている局長のほうが「格上」とみなす風土が根強い。選挙への貢献度も重要な評価軸の一つだ。

部会長は10人前後の部会メンバーの総意で決めるのが一般的だ。前任の部会長の意向に左右される部会もあるが、そもそも出世に興味のない局長も多く、「持ち回り」で部会長ポストを回すケースもある。上昇志向が強ければ、部会長までは望めそうだ。

地区会役員（会長、副会長、理事）は1期2年で、2年ごとに「選挙」を行って改選しているケースが多い。選挙のやり方は地域によって異なるが、ここでは九州地方のある地区会の役員経験者の体験を紹介する。*17

役員の改選選挙は、各部会が1人ずつ「役員候補」を推薦するところから始まる。現職の役員がいればその人を、いなければ部会長を推薦する。

会長と副会長2人、理事2人の計5人の役員を決める地区会に10の部会があれば、計10人の候補者が推薦される。選挙で10の部会がそれぞれ5人に投票する権利を持ち、得票数の多い順に役員として選出される。一つの部会が同じ人に2票は投票できないため、6票を取れば役員入りは確実。5人の役員を決めたあとは、各部会1票の投票で会長と副会長を決め、理事の担務は会長が決める。

表面的には公正な選び方だが、水面下では醜い駆け引きが繰り広げられる。

選挙の季節が近づくと、部会長には酒席の誘いが増える。顔を出せば、「今度の選挙はどう?」と腹を探り合い、聞いた話や噂を伝え聞くやりとりが続く。

「この人に投票して」と露骨に頼むようなことはしない。偉い人の発言や振る舞いをまわりが忖度し、腹を探り合う〝選挙活動〟が進んでいく。

地区会長が酒席で「あいつは九特(九州地方会)から嫌われとるけん、考えんとな」とこぼせば、周囲は「ああ、『入れるな』と言いおったな」と理解する。「あんたもそろそろ年だから、役員に入れてもよか」と言われると、その部会長は「いよいよ俺の番か」と受け止める。地区会長の言葉が様々な意図も映しながら、聞いた者の周囲や配下へと伝播していく。上昇志向の強い部会長は「いずれは役員に」という思いを秘めながら、地区会長の意向を忖度し、それに応えようと駆けずり回る。

地区会長になると、どんなに小さな郵便局の局長であれ、日本郵便の地区連絡会の統括局長に選任され、地区内の100前後の郵便局人事を一手に握れる。統括局長として会議費などの名目で使える経費が格段に増え、同時に局長会の予算でも実権を握る。これが権力維持の基盤となる。

意にそぐわない社員は遠くへ飛ばし、営業成績のいい社員で自局を固める。社員配置と人事評価を「アメとムチ」に昇華させることで、不満や反論が出ない組織固めをしていく。統括局長の座を守りつつ、上部組織である地方会への役員入りもめざす。地方会の先には、全特という頂点が待っている。

ときに波乱も起きる。役員に上げようと画策した人物が外されたり、会長を追い落とそうとして失敗したり。実際に会長が引きずり下ろされた例もある。選挙のあとにしこりが残り、報復合戦へと発展していくこともある。

九州地方の地区会の元役員は、こう振り返る。

「統括局長が人の好き嫌いで人事をもてあそび、組織を弱らせていくパターンが多い。それが日本郵便という会社に悪影響を与えるだけでなく、局長会という組織自身の弱体化ももたらしている」

「局長になるには200万から300万かかるもんや」

局長の採用権限が局長会側に握られていることは、過去の事件でも明らかになったことがある。

2015年3月、日本郵便は大阪市西成区内の郵便局の60代の局長を懲戒解雇した。局長採用試験の合格者たちから、謝礼として現金や商品券を受け取っていたことが発覚したからだ。[*18] 合格者らが損害賠償を求めた民事訴訟の判決などによると、この局長は2010〜2015年、少なくとも11人から計750万円を受け取っていた。現金は親密な女性の口座へ振り込ませていた。

現金などを渡した局長11人は地方銀行や運送会社、スポーツクラブなどから転職した外部採用組だった。全員が地区会からの推薦を受け、その仲介役を果たしていたのが解雇された局長だった。11人以外にも無職の男性が金品を支払い、再面接をへて合格した例もあった。

合格者（原告）側の訴えでは、解雇された局長からこう謝礼を請求されていた。

「局長になるには結構お金がかかる。200万〜300万かかるもんや」

「他の人はもっと払ってるで。局長になるにはいろんな方にお世話になったんで御礼をしないといかんのや」

「払われへんのか。それやったら、この話はなかったことになるけどええんか」

解雇された局長（被告）は、こう説明していた。

「〈お金を渡した局長たちは〉地区会長の推薦なくして公募試験に合格することはあり得なかった。自分は依頼を受けて会長を紹介し、履歴書の書き方のチェックや模擬面接といった便宜も図った。要求した金品の多寡は、資質等の差異による。〈謝礼が高額な人がいるのは〉会長の評価が悪かったこと、職を転々としていて年齢も高く風体もよくなかったことなどによる」

２０１８年12月の大阪地裁判決は、こう認定していた。

「〈局長の〉公募試験とはいえ、関連団体の推薦を受けた採用希望者が優遇される傾向がある。会長推薦を受けた希望者はほとんどが公募試験に合格していた」

「会長の推薦等はおよそすべての採用希望者に公表されている情報でなく、被告を紹介された者がその故に優遇される実態は、必ずしも能力に応じたものと考えられず、日本郵便が公募試験を採用した理由ともそぐわないもので、公正とは言えない」

大阪地裁は、局長採用試験が不公正だったと断じた一方で、原告もそれを承知していたとして原告の請求を退けていた。

２０１９年7月の大阪高裁判決は、被告（解雇された局長）が金品を独り占めしていた点を重視し、一審判決を取り消して損害賠償を命じ、推薦制度については「存在するか否かは証拠上明らかでない」と軌道修正している。[19]

とはいえ、少なくとも地裁判決で一度は「局長の採用制度は不公正」だと明確に指摘されていたのだ。そこで日本郵便が自ら制度を検証していれば、不公正な人事制度が漫然と続くことは避けられたかもしれない。

「思想信条の差別」を続ける経営方針

任意団体であるはずの局長会に入らないと局長にはなれず、加入せずに局長になれたとしても役職には就けない。

そうした日本郵便の人事構造について、憲法学者で東京都立大教授の木村草太は「思想信条による差別にあたる恐れがある」と指摘し、こう語る。[20]

「局長会の会員が自動的に自民党員となるなら、自民党員でないと局長にしない経営方針と受け取れるため、信条や政治活動の自由への配慮に欠けた不法行為となり得る」

「思想信条の自由などの憲法で保障された権利には、民間企業にも配慮義務があるとの考えが一般的だ。女性差別が許されないのと同様に、局長会や自民党に入らない社員にも局長となって役職に就く機会を十分に確保した職場環境に配慮しているかが問われる」

局長会が本当に「任意」の団体であるとすれば、どんな活動方針を掲げても、加入時にどんな条件を課すとしても、それ自体は問題にならない。むしろ自由が守られるべき結社や思想信条の権利もある。

だが、そうした〝任意団体〟の方針に日本郵便が唯々諾々と従い、自民党員になって政治団体に寄付金を払うことが事実上、局長になるための条件として課されている人事システムが容認されている。その実態は、日本郵便という企業による思想信条の差別そのものだ。

日本郵便は表向き〝公募〟という方法で局長を採用し、局長会の未加入者を排除していないかのように装っているが、木村は実態を踏まえてこう補足する。

「形式的に排除していないとしても、結果があまりにいびつなら、配慮によって実際の比率を改めないと、問題に敏感に対応したとは言えない」

同族経営の非上場企業ならいざ知らず、日本郵便は、東証に上場する日本郵政の主要会社だ。しかも日本政府が大株主であり、本来の株主である国民に向けて、合理的な説明が求められる。

日本郵政社長の増田寛也も、局長人事の構造に問題があったことをほぼ認めている。[*21]

「局長会に入会していないと、何かが困難になるというのは会社としてはもちろん考えていないし、あってはならないと思うし、政治活動は会社の業務とは一線を画して分けないといけないので、局長会から推薦があるなしでなく、公平に見ていかないといけない。局長会に入会するかどうかで差が生じないように、仕組みを見直さないといけない」

増田は、支社の人事部門を増員させることを改善策に挙げ、こうも述べていた。

「支社の〈人事部門の〉体制を強化し、局長の異動についても、実質的に判断できるようにしないと、近代的組織としては不十分なので、支社〈の人事部門〉を厚くしていきたい」

増田は「局長の異動数を増やしたい」とも語っていた。だが、その言葉どおりに果たしてなるだろうか。

日本郵便は2022年4月1日付の人事で、各支社長を補佐する「地方本部長」を新設し、全国で59人が就任した。都道府県単位で旧特定郵便局長らの能力や適性を評価して人事に反映する役割を担い、本社から約80人を各支社に補充して人員も確かに増えた。[*22]

ただ、2022年春までの1年間の旧特定郵便局長間の異動は536人（退職や支社との異動は除く）で、前年より12人増えただけだ。増田は地方本部長の新設が「人事体制強化の第1弾」だと述べ、2023年には結果が表れるはずだと主張しているが、心もとない。

2022年初夏のこと。ある支社の人事担当者が管内の部会長に対し、翌春に退職する局長の後任について「どうしますか？」と判断を仰いでいた。[*23] 局長会で後任を推すのかどうか、公募をやるかどうかを、夏までに決めるよう求めていた。

支社が局長の人事を現場の局長会幹部らに丸投げしている実態は、以前とほとんど何も変わっていない。

局長会も無論、人事への影響力を手放す気は毛頭ない。それが選挙の得票だけでなく、巨額の資金集めを支える要だからだ。次章で詳しく見ていく。

第十章　年40億円超の局長マネー

マンション投資に乗り出した

広島駅から歩いて10分ほどの国の名勝「縮景園(しゅっけいえん)」。広島藩の初代藩主・浅野長晟(ながあきら)が造らせた大名庭園を見下ろすように、地上13階建てのマンションは隣接している。

２０１６年築で、ワンルーム24戸と２ＬＤＫ12戸の計36戸。賃料は30平米台のワンルームが7万〜9万円台。60平米弱の２ＬＤＫで14万〜15万円台が中心で、典型的な投資用1棟マンションだ。

所有しているのは、一般財団法人である中国地方郵便局長協会だ。所在地や役員は、任意団体である中国地方郵便局長会とほぼ同じで、法人格のない局長会に代わり、不動産保有や積立金運用などによる収益事業を行っている。いわゆる「サイフ」役の組織である。

マンションの登記簿謄本によると、中国地方郵便局長協会が山口銀行から、計7億円を年0・7%の金利で借りていた。２０２１年末時点では満室で、賃料収入は年間４８３７万円。[*1]借入利息や管理委託費、固定資産税で年1千万円超の出費があるものの、法人による不動産投資としては十分な利回りが見込めそうだ。

中国地方郵便局長協会がマンション経営に乗り出したのは、「10年後の収益事業に資する目的」だと内部文書に記されている。協会自体の目的は「郵便局の業務の円滑な運営及び会員相互の扶助に関する事業」によって「郵政事業の発展に寄与・地域貢献活動を推進」すると定款で定めている。マンション投資が郵政事業にどう資するかは不明だが、超低金利環境が続くなか、局長向けの融資だけでは稼ぎにくくなったため、新たな収益源の開拓を「不動産投資」に見いだしたとみられる。

マンション投資に乗り出した事例は、ほかにもある。

九州郵便局長協会も、熊本市の中心部にある熊本大学病院のそばに、投資用マンション１棟を保有している。２００１年築の６階建てで、九州郵便局長協会が２０１９年９月に無担保で購入したものだ。

１階には歯科クリニックが入居、40平米台の１ＬＤＫを中心に十数戸あり、２０２１年３月期には計１４６０万円の家賃収入があった。修繕費などの３７１万円を引いても１０８９万円の利益があり、不動産投資としては好調だ。[*2]

自社ビルでのテナント経営は、古くから続く。全国郵便局長会（全特）が財団法人を介して東京・六本木に全特ビルを所有するように、全国に12ある地方会のうち、少なくとも四つの地

東京・六本木の全特ビル

方会がそれぞれの拠点に自前のビルを建てて保有している。ビル内には郵便局を入居させるなどして、賃料収入を得ている。

中国地方郵便局長協会の場合、冒頭のマンションからもほど近い一等地に6階建ての自社ビル「中特会館」を持ち、1階に入居する郵便局も含めて、年4千万円超のテナント収入を得ていた。1970年竣工で電気系統機器の故障や漏水が続発したため、2023年に解体して「中特ビル（仮称）」を建て直す。新たなビルにも郵便局を置こうと画策しており、中長期の安定収益を見込んでいる。

局長組織の潤沢な投資マネー。元手となるのは、会員たちの身銭である。

酷熱の河川敷でソフトボール

２０１９年9月7日、40度近い残暑が続いた東京・八王子の河川敷。青空にときおり打ち上がる白球を追いかけながら、ユニフォーム姿の男たちが歓声を上げていた。

都内16のソフトボールチームが全国大会への出場をかけて争うトーナメント戦。六つの野球グラウンドで、敗者復活や3位決定戦も含めて1日で22試合の熱戦が繰り広げられた。試合の参加者だけで２００人規模。応援団や審判も入れると３００人以上が週末の河川敷に集まり、汗を流した。ほぼ全員が局長である。

ソフトボール大会は、組織の結束力や個人の忠誠心を試す重要行事の一つ。多くの局長は、強制参加だ。県単位で予選を開き、本戦の地方大会で勝者を決める地方が多い。地方大会を勝ち抜くと全国大会に招かれ、大会前夜にはホテルのホールで大宴会を開く。１９９０年から続く恒例行事で、最近は新型コロナの影響で中止されてきたが、２０２２年から徐々に再開し、秋には沖縄県で全国大会を催した（試合は雨に見舞われ、ジャンケン大会に代わった）。

２０１９年の東京地方会では、出場者はみな地区会の名前が入ったユニフォームを身にまとい、運営スタッフのTシャツも地方大会のためにデザインされたものだ。計6面の野球グラウンドにそれぞれ数人の審判員を配置し、バットやグローブといった備品もそろえる。

ソフトボールに励む郵便局長たち

ソフトボール大会にかかる費用は、局長限定のお遊びだけに、さすがに日本郵便の経費をあてるわけにもいかず、会員から徴収するお金が元手になる。うっかり全国大会に勝ち抜くと、臨時の遠征費まで払わされる。こうして費用を積み上げていくと、会員の負担がいかに重たいかが浮かび上がる。

巨額の集金システム

局長1人が組織のために払わされる費用の総額は、ヒラの局長でも年20万円を優に超える。積立金や保険の支払いなどを足せば、金額はもっと大きい。臨時の出費も少なくなく、部会長や地区役員といった役職に就くと徴収額はさらに増える。局長の数で単純計算すれば、少なく見積もっても年40億円超が全国で安定的に吸い上げられるシステムになっている。

年収が額面ベースで800万円程度の40代の局長を事例に、局長会活動の費用負担を概算で示すと、次ページの表のようになる。[*3]

局長が負担するお金はピラミッド組織の各階層から徴収される会費だけで、年20万円前後に上る。多くの局長は就任してまもなく、局長会主催の「新任局長研修」といった場で銀行口座の引き落とし伝票を書かされる。勝手がわからないうちに「そういうものだ」と思い込ませ、自動引き落としのシステムに局長の口座をはめ込んでおく。

任意団体である郵便局長会には法人格がないため、契約を交わしたり、不動産物件を保有したりするときには、一般財団法人の地方郵便局長協会が使われる。局長から集めた積立金を元手に、局長向けの融資で利息を稼ぎ、会館やマンションといった不動産事業によって賃料収入を得る。積立金は、局長の退職時や局舎の建設時などに払い出される。

局長協会が提供する団体共済も、各地の地方会、地区会でノルマ化されている例が多い。

局長1人につき自動車と火災、生命共済などで1件ずつ加入させるのが鉄則で、地方会事務局が地区会ごとの達成率をまとめた「推進管理表」や「未加入者リスト」を作成。総務担当の局長会役員が部会長を通じて未加入の局長に圧力をかけて回る。新米の局長には、郵便局の提携保険を解約させてでも乗り換えさせる。財政難の協会ほどノルマや進捗管理が厳しくなる。

郵便局長が局長会活動のために1年で払う費用の例

［ **徴収** ］

項目	金額	備考
部会費	10万円	（月1万円弱）
地区郵便局長会費	5万円	（月4千円台）
地方郵便局長会費	2万円	（月1千円台）
全国郵便局長会費	3万円	（基本給の0.0055%）
夫人会会費	数千円	
ソフトボール会費	1万円	（全国大会出場時は別途支出）
郵政政治団体寄付	1万円	（部会費でまかなう例も）
自民党党費	4千円	（部会費でまかなう例も）
郵政退職者連盟	1万円	（会費、旅行積立金）

合計：年間24万円程度

［ **積立・保険** ］

項目	金額	備考
地方郵便局長協会積立金	20万円	（局舎建設時や退職時に払い出し）
自動車保険団体共済	3万円	（地方郵便局長協会の団体保険）
火災・生命団体共済	1万円	（地方郵便局長協会の団体保険）

※40代で年収８００万円程度の局長の例

郵便局長が局長会活動のために１年で払う費用の例

郵政退職者連盟は、地域ごとで異なる名前の地方組織があり、現役の局長も加入させられる。選挙で協力してもらうOBへの義理立てで、毎年恒例の総会や旅行、マージャンなどに付き合う。旅行や総会に一定数の局長を参加させ、積立金や臨時出費を請求されるケースもある。

全特の元幹部が役員を務める法人が扱う地方の名産品を、郵便局の物販サービスで扱わせたり、組織を通じて局長に買わせたりしている例もある。元全特会長の個人会社が扱う青森のリンゴジュース、元副会長が手がける北海道の夕張メロンあたりが典型だ。

局長会では「防災士」の資格取得も推進している。毎年一定数の局長が1人数万円をかけて資格を得ている。費用の一部を部会費などで補助する場合もあるが、多くが局長の負担であることに変わりはない。

さらに、全特が例年5月に開く総会に参加させられるときも、そのつど10万〜20万円の臨時出費が課せられる。

部会や地区会レベルでは、強制参加の懇親行事や飲み会が数多い。局長会の会員として組織のために負担する費用は、ことのほか重い。

会員は組織の「金づる」

東海地方郵便局長会が2021年7月、同会幹部らに配布した資料に、こんな一文が書かれているのを見つけた。[*4]

「なんとしても貸付資金を確保しないといけない。もしできなければ、会員の皆さまへの資金貸付を停止するしか方法はなくなってしまう」

「会員の皆さまから大切なお金をお出しいただき、貸付資金を確保するものであることから、しっかりとした説明が必要だ」

同会がこの時期に始めたのは、1口10万円以上の「特別積立金」の募集だ。一般財団法人の東海地方郵便局長協会の運用資金にあてるためで、積立期間は5年間で利子は0・2%。「任意」とうたうものの、一部の地区会では「1局あたり30万円は必ず集めるように」との指示が出され、50万～100万円程度を拠出する局長が相次いだ。

内部資料によると、協会はこの数年前から「5年程度で破綻する可能性がある」と公認会計士から指摘され、財政改善に奔走していた。局長たちからは一定の利息を約束して積立金を集めるが、空前の低金利環境のなかでも高めの貸出金利を維持したことで資金需要が落ち込み、局長たちへの利息払いが重荷となって一時は赤字に陥ったという。

このため、協会は2018年度に10億円分の積立金を局長らに返して運用資産を減らし、積立金利も0・5％から0・1％に引き下げて収支改善を図った。ところが、同時期に局長が局舎取得のために資金を借り入れる際の金利も2％台から市場相場に合わせた0・8％へと大幅に引き下げ、局長による局舎新設の需要を試算し直したところ、今度は貸付資金が足りなくなることが判明し、緊急策として局長らの資金拠出を求めたというわけだ。

協会が打ち出した収支改善策はほかにもある。

東海地方会事務局は2021年6月に地方会幹部に発信した「お知らせ」で、協会の財政改善のため、自動車保険の加入と「洋服の青山」の利用の推進を強く求めた[*5]。

自動車保険は「収益増最大の取組」になるとして、「会員1台以上の契約締結」を要請していた。「遅れれば遅れるほど収支改善に時間を要する」と訴え、既存の保険から乗り換えさせてでも加入数を増やすために「自動車保険切替連絡表」を使って報告するよう指示していた。

地方会の事務局長が代表の「東特サービス」（名古屋市）から事業を移管させたといい、これだけで年1千万円以上の増収が見込まれるという。

紳士服「洋服の青山」での買い物で10％程度の割引、パナソニックホームズでの新築工事でも数パーセントの値引きを会員に提供する見返りに、紹介手数料を受け取って百数十万円程度の増収を見込んでいた。

協会ではさらに、人間ドック補助金の廃止、地方会手帳の有料化、広報誌のペーパーレス化にソフトボール大会出場チームの縮小などでも数百万円のコストカットを断行してきた。だが、本来は局長の勤務条件向上こそが目的の組織が、組織自体の財政改善のために追加負担を会員に求めている。その構図に、「結局、会員を単なる金づるにしか見ていない」（東海地方の局長）との声が出るのも当然だ。[*6]

支社の管理職からも5千円徴収

会員から徴収する局長マネーのうち、政治資金となる金銭の流れは、政治団体の政治資金収支報告書に記載される。

民営化以前は局長の政治活動が国家公務員法で禁じられていたため、退職者や家族でつくる政治団体「大樹」が選挙運動や政治資金管理を担っていたが、民営化後は現役局長が中心の政治団体「郵政政策研究会（郵政研）」に衣替えした。

現役の局長が郵政研に寄付する金額は、ヒラ局長で毎年1万円、部会長2万円、地区郵便局長会の理事3万円、副会長4万円、会長5万円としているのが一般的だ。[*7] 年4千円の自民党党費も、役職によっては家族も含めて複数人分を負担させることもある。

郵政研は現役の局長だけでなく、退職した局長に加えて、現役の日本郵政グループ幹部からも広く寄付を集めている。

たとえば東海地方会と対応する郵政研東海地方本部の内部資料によると、２０２１年の寄付額は同年６月時点で、東海地方の局長１９０２人が夫人会分も含めて２１２４万円を拠出。旧特定局の退職者９６５人が５０６万円、旧普通局の退職者３１８人が１６０万円を寄付した。[*8]

さらに日本郵政グループの東海地方の現役管理職８９２人から、計４４７万円の寄付を集めた。１人あたり原則５千円で、内訳は支社が１６８人、監査室５人、旧普通局６２７人、ゆうちょ銀行52人、かんぽ生命40人だった。局長と退職者も合わせた合計額は、３０９３万円に上る。

別の支社で働く社員は２０２０年ごろ、こんな体験をした。初めて管理職に昇格して数カ月後、支社の上司から「これ、局長会関係だから払ったほうがいいよ」と１枚の振込用紙をぽんと渡された。振込額は５千円で、あて先は「郵政政策研究会」。その社員が振り返る。[*9]

「当然の慣例のように、勤務時間中に渡されました。何のお金かは理解できたけど、説明は一切なし。自分の人事評価もする直属の上司で、払わなきゃ人事に影響が出るぞという無言の圧力を感じたので、もちろん振り込みましたよ」

東海地方で集まった寄付額とあわせて考えると、管理職社員への人事権限も背景に、半ば強制的に寄付を集める慣行が相当に蔓延しているのではないだろうか。
こうして郵政グループ内で広く集めた寄付が、郵政研の本部へと吸い上げられていく。

年3億円超の政治資金の行方

参院選があった2019年の政治資金収支報告書で、全体のお金の流れをたどってみる。[*10]
郵政研の収入額は、2019年で3億4296万円。このうち個人からの寄付額は約3億3千万円で、「寄付のあっせん」が約2億5千万円を占める。地区会長が会員から集めた寄付を計上する形で、これが現役局長らから集めた金額とみられる。選挙のない年でもあっせんによる寄付額は安定的に推移し、寄付総額はおおむね3億円前後だ。
2019年の支出額は、計3億1403万円。寄付・交付金が2億4590万円で最も多く、会議費や局長会役員経験者らの旅費も含む組織活動費3302万円、人件費2783万円などが続く。
郵政研全体の寄付先で突出するのは、組織内議員の柘植芳文と徳茂雅之の各後援会だ。選挙イヤーだった柘植は計4200万円（柘植芳文選挙事務所への寄付含む）、徳茂は500万円だった。

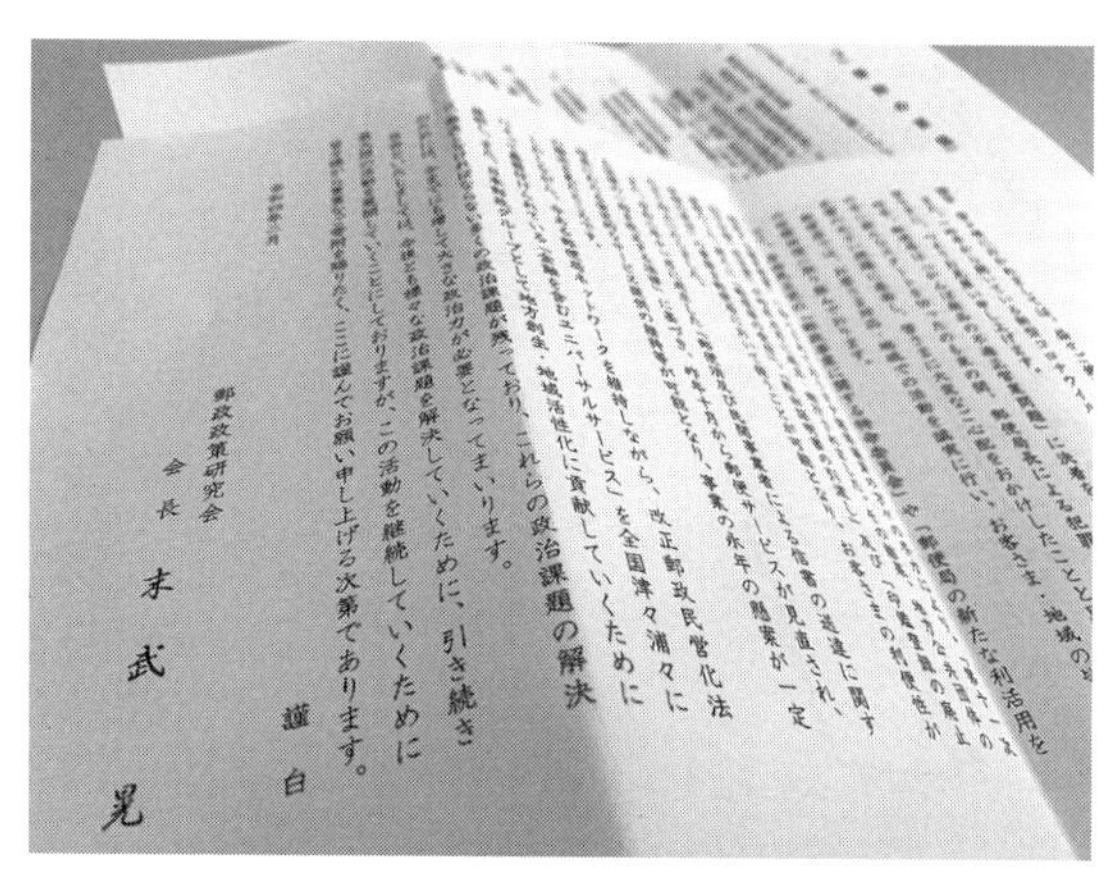
ここに謹んでお願い申し上げる次第であります。
郵政政策研究会
会長　末武　晃　謹白

政治団体「郵政政策研究会」会長として寄付を呼びかける
末武晃・全特会長の手紙

寄付を受けた柘植の後援会の政治資金収支報告書に目を移すと、郵政研から4千万円の寄付を受けた柘植芳文後援会では、機関紙やリーフレットをつくるなどの宣伝事業費が1521万円、自民党議員関連の政治団体への支出や飲食・旅費などの組織活動費が1256万円と続く[*11]。

郵政研からは全国12の郵政研地方本部にも1千万〜3千万円程度が配分され、それぞれ地方本部の活動資金として使われている。候補者の講演会や電話代・場所代などにあてられるほか、選挙が終わったあとに集票率の高かった地域の局長らを集めた宴会に使われたとみられるケースもある。

郵政研の組織活動費の項目には、国会議員らの政治団体に会費として支出された計1千万円以上が記されている。

現職の国会議員で金額が多い支出先は、郵政政策に精通して関係議連の幹部を務める衆院議員山口俊一（自民）が200万円、元総務官僚の衆院議員奥野総一郎（立憲民主）が160万円で突出する。自民党では議連幹部の野田毅のほか、総務相経験者である菅義偉や、石破茂、麻生太郎、佐藤勉、野田聖子、新藤義孝、石田真敏らの名前がある。

立憲民主党では元総務相の原口一博や元総務官僚の小西洋之、公明党でも2012年の法改正に関与した国交相の斉藤鉄夫や、党副代表や幹事長を歴任した井上義久の政治団体に年10万～40万円が支出されている。野党の議員にも幅広く配るのが、局長マネーの特徴だ。

稼ぎ頭は局長向け融資と不動産事業

組織の活動資金に話を戻そう。

中央組織である全特の2021年3月期決算では、5億6662万円の収入が計上されていた。このうち大部分の5億1956万円は全国の局長から集めた会費が占める。[*12]

支出先は、研修や会議、イベント開催などの事業費が3億2870万円と大きい。年に1度の総会で3470万円（総会費）、研修や会議などの組織強化対策費として5909万円、広報誌の発行や全特NETの運営に1億3015万円（広報費・情報費）が計上された。コロナで縮小していなければ、総会費用はもっと多額だったはずだ。

管理費1億2165万円のうち、人件費が7441万円と過半を占め、賃借料などの事務所費が3134万円、弁護士等謝礼金が1546万円と続く。

支出額の合計は4億5035万円。新型コロナの影響で会議や研修を取りやめたり縮小したりしたため、予算額に比べて支出が1億円以上も減り、翌期への繰越金は2億円を超えた。2022年3月期の予算案では7億4千万円超の支出額を確保していた。

地方組織には、二つの「サイフ」がある。

約1660人の会員でつくる中国地方会の場合、2021年3月期決算の収入額は3455万円。地区会経由で徴収する地方会費が大部分を占める。[*13] 支出額は2177万円で、会議費が1437万円と過半を占め、給料関係費372万円、対策費104万円などが続く。

もっと大きなお金が動く「本当のサイフ」は、法人格を持つ一般財団法人の地方郵便局長協会の会計だ。会員から集めた積立金などを元手に、会員向けの融資事業や不動産事業などを行っている。

中国地方郵便局長協会の貸借対照表をみると、2020年末時点の総資産は56億円に上る。このうち会員への長期貸付金が35億円、預金が6億円を超えるなどキャッシュも潤沢だ。負債の部は22億円が会員から集めた積立金で、16億円の長期借入金を抱える。冒頭のマンション投資にともなう借り入れとみられる。

こうした資産を元手に、2020年12月期には計2億2785万円の経常収益を上げている。稼ぎ手となっているのは、9302万円の「貸付金利息」と、8833万円の不動産「賃貸料」の2本柱だ。

「貸付金利息」の多くは、郵便局舎の建築や土地購入の資金を局長に融資することで得られる利息収入だ。借りるのは局長でも、返済の原資が日本郵便からの局舎賃料でまかなわれるのは、第3章で見たとおり。

「賃貸料」の中核は、冒頭に紹介した1棟マンションの賃貸収入4837万円と、広島市の中心部に立つ6階建てビル「中特会館」のテナント収入4535万円だ。中特会館の1階には郵便局も入居し、日本郵便からも賃料収入を得られる。ただ、取り壊して「中特ビル（仮称）」に建て替えるため、当面は財政の圧迫要因となる。

協会の支出は、中特会館の維持費などを含む事業費に、1394万円の給料手当などを含む管理費を合わせて計2億3123万円。最も金額が大きい費目は事業推進費で、減価償却費、積立金や借入金への利息が続く。

一方、協会が公益目的事業として支出したのは2981万円。社会福祉法人施設や介護施設、障害者施設などを対象に、車いすや福祉車両を寄贈したほか、豪雨災害などの避難所で使うための防災テントも寄付した。新型コロナの流行前は、タレントやスポーツ選手の講演会も開いていた。一般財団法人として内閣府に提出した計画にもとづき、計17億円余りの公益目的支出を87年間かけて実施することが決まっているためだ。

協会の会計に中国地方会の会計も足し合わせると、1年で計約2億6千万円の収入を得て、同規模の支出をしていることになる。会員数をもとに単純計算すれば、地方会レベルの決算額は全国で30億円近くに上ると推計される。

さらに、会員100人規模の地区会でも年300万~500万円、10人前後の部会で年100万円前後が、局長から徴収されてそれぞれの活動に使われる。地区会は全国に238、部会は約1600あることから、地区会以下でも20億円超が組織活動のために動くことになる。

これらを足し合わせれば、実際の局長マネーは年間40億円を優に超える。扱う金額が大きいだけに、各地の地区会や部会では、会計担当者の局長が会費などを横領し、仲間内で問題化する例も少なくない。任意団体のお金を着服しても、会社側の経費さえ横領していなければ、問題の局長をひっそりと役職から外し、表沙汰にはせずに処理される。

中国地方会が支出する費目にはもう一つ、ユニークな制度がある。「地区会顕彰」と呼ばれるものだ。[*14]

事前に決められた評価項目の達成率が高い地区会に現金を配って表彰するもので、２０２１年度からは3年に1度の実績をもとに1位に50万円、２〜5位に合計１００万円を配る。２０２０年度までは毎年合計50万円を配っていたという。

原資はもちろん、会員から集めたお金に違いない。評価項目と点数配分の内訳は、「参議院議員選挙の取組結果」が60点と最も大きく、残る40点が「自動車保険」「全特生協」「通信文化協会」の加入状況で10〜15点を配分している。その目的は会員の勤務条件向上や地域・事業の発展ではなく、やはり組織そのもののためにある。

「読まんでいいから契約して。圧力かかるんや」

日本郵便の社内サイトで現場の「意見要望」を書き入れる欄に、「郵便局経費における図書費の使い道について」と題した投稿がアップされた。２０２1年10月のこと。投稿者は近畿支社管内の局長である。[*15]

この局長は実名で、自身の体験をこう告白していた。

「郵便局経費の図書費が、局長会関係の新聞や雑誌の年間購読費に全額充てさせられている」

「購読しないでいたら、上司局長から『自分の財布が痛むわけではないんやから、読まんでもいいけど年間契約してほしい。上から圧力がかかるねん』と言われた。渋々契約したが、これでは全国で6億円もの経費を横流ししているようなものではないか」

周囲にも同様に業界紙の購読を強要された局長がいるとして、こう訴える。

「上司の局長が『これは会社が容認しているんやから』と購読を強要するのをやめさせてほしい。会社のお金は社員が一生懸命働いて稼いだお金。局長が個人的に読むものは自費で購読すればいいのでは。読みたくないのに購読を強要するのはパワハラにあたると思います」

パワハラ被害と経費の無駄づかいを訴え、被害の回復と業務の改善を求める内容だ。

多くの地方会や地区会が、郵政関連の新聞・雑誌の契約率や未加入局長を一覧にして管理している。未加入の局長に部会長らが圧力を加えて購読させる行為は、日常茶飯事だ。

購読が半ば強要されているのは、週1発行の「通信文化新報」（年8800円）と月1発行の「郵湧新報」（年3960円）のほか、雑誌形式の「耀」（年7千円）、「通信新聞」（年1万800円）、「通信文化」（年4700円）だ。どの媒体を買わせるかは、地域によって変わる。ノルマがあっても契約しなくて済む例もあれば、経費で賄いきれない分を自費で購入するよう求められることも。どちらにしても局長個人では、何を購読するかを選べないということだ。

局長会が各媒体をここまで熱心に応援する理由は、正直、よくわからない。自分たちの活動を前向きに取り上げてくれることだけが理由なのか、あるいは別のうまみがどこかで誰かにもたらされるのか。

いずれにしても、郵便局経費で権限を持つ局長たちを支配下に置くことで、組織の意向を会社経費の使途にまで反映させられる仕組みができていることがわかる。組織的な購読強要にあてられる会社経費は、もとをただせば郵便料金などで賄われているが、それでも日本郵便では「見て見ぬふり」をするのが常道だ。

近畿支社経営管理部の会計担当者も、局長からのパワハラ強要の訴えは完全に無視し、要望は受け付けないと回答していた。支社の「検討結果」欄には、こう書かれている。

「年度当初に会計担当より一括で通知している図書印刷費の使用用途は、業務上必要な図書類を購入するためであり、購入する新聞や雑誌等の指定はしていません」

パワハラ被害や購読の強要を訴える現場に対し、話をすり替えて原則論を打ち返すだけ。勇気を出して声を上げても、報われないことだけがはっきりした。

この要望と回答は社内サイトで多くの社員の目にさらされているが、おかしいと声を上げる人はだれもいない。局長会という腫れ物には触れないほうが身のためだからだ。

読売新聞の購読促進で小遣い稼ぎ

似たような話は、枚挙にいとまがない。

東海地方では、郵便局で使う団扇やカレンダーといった顧客向けの景品の一部が、「東特サービス」という小さな会社から購入されていた。会社の所在地は、東海地方郵便局長協会が保有する東特会館内。代表は東海地方会専務理事の林謙司で、取締役には全特副会長で東海地方会会長の妻である遠藤協子も名を連ねている。

複数の郵便局長が、部会長や地区会長の指示を受け、夏や冬に数十組ずつの団扇とカレンダー、一般社団法人が発行する雑誌「耀」などを東特サービスから会社経費で購入したことがある、と証言している。[*16] 詳しい契約内容や取締役への報酬は不明だが、局長会幹部やその利害関係者が何らかの恩恵にあずかっているのではないか。

過去には、読売新聞の読者紹介キャンペーンを悪用する形で、少なくとも約360万円が複数の地方会に流れていたことがある。[*17]

当時の報道によると、読売新聞社側から読者紹介の協力を求められた近畿日本ツーリスト中部営業本部が2012年秋、旅行手配などで得意先となっていた全特に持ち込んだ「もうけ話」だった。複数の地方会には、1件の読者紹介ごとに「3千円を払う」と記された文書が届いたのだが、その差出人として読売新聞社の社名や幹部名が記載されていた。これに読売新聞社は「捏造だ」と抗議し、近ツリが読売新聞社に謝罪文を出す事態に発展した。

近ツリ中部は、読売旅行の中部地方の業務を引き継いだばかりだった。読売新聞社はグループ本社取締役や元政治部長が郵政民営化委員や日本郵便取締役に就くなど、郵政行政や郵政グループとの関わりが深い。

読売新聞の読者獲得に協力したのは、少なくとも三つの地方会に所属する約1200の郵便局で、一部では郵便局の経費があてられていた。購読費の一部が謝礼金となって近ツリから局長会に還流していた構図で、要するに上前をはねて小銭稼ぎをしていたのだ。

「FACTA」によれば、日本郵便本社の聞き取り調査が始まる前には「一番軽い注意処分で終わらせるから、知らぬ存ぜぬで通せ」との伝達が局長たちの間に出ていたという。オフィス用品宅配会社を通じた郵便局の文具類の発注をめぐっても、数パーセントのリベートが「営業代行費」として各地方局長会へキックバックされる仕組みがあるとも報じられた。平気でウソをつき、会社の経費をピンハネする習性は、いまに始まったことではなかったのだ。

カネだけじゃなく得票にもつなげる

局長会は日本郵便の経費や取引を通じて金銭的な利得を得るだけでなく、それを選挙の得票に結びつけることにも意欲的だ。日本郵便に買わせたカレンダーを支援者や後援会会員の獲得に流用していたことは、氷山の一角に過ぎない。

私の手元には、中国地方会が２０１９年の参院選で幹部に配った「つげ後援会協力団体」というリストがある。[*18]

ここには、グループ各社や関連会社の支店・拠点と幹部名や窓口となる担当者名に加え、日本郵政グループや郵便局長会の取引先がずらりと並んでいる。リストが作成された狙いは、後援会の入会を働きかけ、訪問も重ねて投票を促すこと。[*19] 選挙勧誘のターゲットは、客だけではなかったのだ。

日本郵便内の組織としては、中国支社、中国コンプライアンス室、広島監査室のほか、単独マネジメント局（旧普通郵便局）85局の名前が並ぶ。窓口となる担当者は、それぞれの総務・人事部担当部長だ。ゆうちょ銀行とかんぽ生命のエリア本部や支店、コンプライアンス室などの部署にも、同様の窓口の担当者がいる。親会社の日本郵政では、中四国施設センターも名を連ねる。

２０１９年の参院選では、日本郵政社長の長門正貢、日本郵便の横山邦男、ゆうちょ銀行の池田憲人、かんぽ生命保険の植平光彦の４人が、柘植芳文後援会の「参与」として名を連ねた。全特は「初のオール郵政体制」を掲げ、各グループ支社長やエリア本部長にも協力を要求。後援会名簿をつくって提出した本支社幹部もいたという。[*20]

関連会社では、郵便局物販サービス、日本郵便オフィスサポート、ＪＰ損保サービス、日本郵便輸送などの各拠点がある。郵便局長会が会員加入を推進する通信文化協会、局長ＯＢでつくる日本郵政退職者連盟、全国簡易郵便局連合会や簡易保険加入者協会、郵政福祉といった関連団体の支部もある。ここまでが身内である「郵政一家」だ。

グループ外の提携先や取引先に目を移すと、かんぽ生命と提携し、損害保険商品が郵便局で優先的に販売されているアフラックや、ゆうちょ銀行のＡＴＭ保守などを請け負う保守サービス会社「ファーストカム」といった名前がある。

さらに、地域の郵便局で使うバイクの保守・修理店、郵便局のカタログギフトで扱う地元の海産物やお酒などの卸売業者の名前が列挙され、地区会ごとに訪問先が割り振られている。

広島県の局長の一人も、２０１９年の参院選前に地区会から指示を受け、バイク店の店主に「郵便局がなくなると困りますよね」と働きかけ、後援会に勧誘して入会させたと振り返る。[*21]

これらは郵政グループとの取引を続けたい取引業者が弱い立場にあることにつけ込み、選挙での協力を求める構図にほかならない。

局長会の取引相手も、選挙での協力を求められる。

協力団体のリストには、出張の手配などで関わりが深い近畿日本ツーリストや、局長会でスーツ購入が推進されている「洋服の青山」（青山商事）、局長が自ら取得する郵便局舎の設計を手がけるニッテイ建築設計の名前も記されている。

もう一つ目を引くのは、中国地方郵便局長協会が公益事業として車いすや搭載用車両を寄付した老人ホームなどの福祉施設の一覧が「協力団体」として挙げられていることだ。物品を寄付したのちに、まるでバーターのように選挙での協力を求めていたということだろうか。

公益事業のはずの車いすの寄付でさえ、得票を伸ばすための道具に使われている。これも国内最強の集票マシーンの「裏の顔」である。

第十一章　歪む目的と存在意義

ただの集票マシンに成り下がっている

兵庫県内の公共施設の貸しホールに、数十人の局長が集結した。参院選を7カ月後に控えた2021年11月の土曜日。地元の地区郵便局長会が政治方針を伝えるために開いた集会だ。[*1]

「ただの集票マシーンに成り下がっているなと、すごく思います。地方会は『やれ、やれ』というだけで、数字の競争に行き着いている。そこに無理がきている。数で詰めるのはよくあるが、そこは直すべきです。数じゃなく、なぜやるかに重きを置くのが大事です」

一人の局長が口火を切ると、地区会の会長も追随するように応じた。

「私も考えていた。かんぽの問題と同じやなと思って。結局、『数字を追いかけろ』と言われて、なんでするのかを忘れて、とかく数字を求められる。いま言われたことは、本当にそう。数字ばっか言われてるなと思う。数字ありきの選挙じゃいけないんじゃないかと」

批判の矛先は、上部組織の近畿地方郵便局長会に向けられていた。地区会長が納得できていなかったのなら、自分で抗議したり突っぱねたりすべきだったのだが。

会長はこの集会で、カレンダーの流用疑惑などを受けて政治活動を当面は控えるという地方会の方針を伝えつつ、こんなことも口にしていた。

「なんでこんな一生懸命、政治活動しなきゃあきませんの、給料あげてくれますのん、局員を増やしてくれますのんと、そういうことを求める会員が非常に多いです」

だが、政治活動は会員個人の利益ではなく、郵便局のネットワークを維持するために必要なものだと唱えて、こう続けた。

「政治活動をやめてしまったら、局長が自分の力で生き残るのは厳しい。みんなが団結すれば、会社にモノを言える。政治活動をやめる選択肢はありません」

地方会からは、現場の不満を聞き取って伝えるよう指示されていたため、会員に発言させる時間も用意された。

別の局長は、支援者に配るカレンダーの経費を会社が負担していた問題について、こんな不満もぶちまけた。

「カレンダーは会社が経費を出してくれて、我々自身もよかった。それを政治活動の一環で配布したことは、認めざるを得ない。結局、こういう問題が起きた。全特が会社を抑えきれなかったみたいなことで、力負けしているのかなと。それで会社も調査に入ったということだと思う。全特の政治力がなくなったなかで、こういう事態に至っている。選挙はしないといけないが、政治力を感じる場面が少なくなった」

不祥事の表面化を防ぐことを政治力に期待しているような主張に、会長も同調した。

「局長会の力がどうなってんのかと、私も思います。会社も会社で、汚いことだけさせやがって。今までなんとか均衡を保っていたが、その均衡が崩れてきた。我々自身が自分でクビを締めているみたいな感じ」

いったい何のための政治活動なのか。だれのための政治力なのか。選挙に駆り出される局長だけでなく、地区会や地方会の幹部でさえ、答えを見失っているのがよくわかる。

政治の成果はわざと表に出さない

名古屋駅の桜通口に立っていたホテル「キャッスルプラザ」の宴会場で2020年9月17日、東海地方会会長の遠藤一朗があいさつに立った。*[2] 同地方会の拡大政治問題専門委員会で、遠藤は「昨年は我々のまわりでもいろいろと問題があった」と切り出しながら、こんな話を披露していた。

「郵便認証司の兼業の問題については、本来ならもっと大きな処分になりそうだったが、それを柘植先生の尽力のおかげで厳重処分のような形で済んだ。かんぽの処分の問題についても、本来は減給処分だったものが戒告で済んだとか、管理者の処分についてもかなり政治の力による部分があった。政治というものが本当に我々にとってどれだけ大事なのか、身に染みて感じていただけたのではないか」

郵便認証司とは、重要な郵便物である内容証明や特別送達を扱う「みなし公務員」で、兼業をする場合は総務相の承認が必要となる。だが、農業や不動産投資などで収入がありながら兼業を申請していない例が続々と判明し、２０２０年７月までに計約３千人が処分を受けた。収入が多額だった例をのぞき、多くは厳重注意や口頭注意で済んでいた。

他方、かんぽ生命で大量の不正が認定された保険の不正販売問題では、現場の郵便局員計２千人超に解雇を含む厳罰が下された一方で、不正手法を教えたり黙認したりしていた上司らは知らんぷりを決め込み、軽い処分で済まされた。そのなかには局長が重い処分を免れた例も含まれていた。

遠藤はこのとき全国郵便局長会（全特）で政治担当の理事を務め、翌２０２１年春に副会長に昇格する。元全特会長で参院議員の柘植芳文の名前をあえて挙げたのは、柘植が名古屋市の郵便局長出身で、かつて同じ地方会トップを務めた縁があるからだ。

遠藤のあいさつが続く。

「一般局長からは、いくら選挙で頑張っても政治はぜんぜん助けてくれない、政治の成果が見えてこないといった意見があるが、実はすごく助けてもらっている。助けてもらったことなど政治の成果というのは、わざと表に出ないようにしている。もし表に出たりしたら野党から袋叩きにあうことになる。そのことを役員幹部にもいま一度認識してほしいし、一般局長にも教えていただきたい」

たび重なる不祥事で局長らの処分が「政治の力」によって軽く済まされたにもかかわらず、そのありがたみを理解できずに選挙に精を出さない一般局長がいる、という趣旨だ。

遠藤はその場に顔をそろえていた地方会幹部らをこう諭す。

「『政治とは切っても切れない』『政治の力がないと酷いことになる』ということをしっかり教育してほしい。毎回選挙の前になると、『なぜやらなきゃいけないのか』『選挙には大義名分が必要だ』という意見が出る。自分の地区会や部会でそういう意見が出てきたら、自分の説明不足を恥じてほしい。局長を責める前に自分を恥じて、『なぜ政治が必要なのか』をしっかり落とし込んでほしい」

現場の局長に「政治力の必要性」をたたき込めば、不満も抑え込めると踏んでいるようだ。

日本郵便は遠藤の発言について「事実なら甚だ遺憾だ」とし、認証司やかんぽ不正販売の処分が「政治的な力で軽減されたことは全く事実に異なる」と主張している。[*3] 遠藤や東海地方会、全特、柘植事務所にもそれぞれ取材を申し込んだが、何も答えなかった。

真相はともかく、政治力を要する理由として遠藤が挙げたのが「不祥事の処分軽減」だったことに、東海地方会の幹部の一人は唖然としていた。[*4]
「不祥事を丸く収めることが必死に政治活動に取り組む目的であるはずがないし、そんなことを現場に伝えて理解を得られるわけもない。遠藤さんは票を上げることしか眼中にない」
遠藤としては、政治力は単に組織のためではなく、会員個人の利益にもつながるのだと訴えたかったのかもしれない。強引な説法には、全特が抱える矛盾が凝縮されている。

「組織の目的」が民営化であいまいに

全特が会員を政治活動に走らせる根拠としているのは、民営化翌年の2008年5月の総会で改正した会則に盛り込まれた一文だ。

「第5条　第3条の目的達成のため、政治的、社会的主張を行い行動する」

民営化以前の局長は表向き、選挙運動などの政治活動が国家公務員法で禁止されていた。選挙では局長に代わり、妻や退職者を前面に立たせなければならなかった。だが、民営化で堂々と選挙に取り組めるようになり、「大きな変化を前向きに受け止め、全特自らも責任をもって前面に」（元全特会長の柘植芳文）立つために会則を改正した。[*5]

政治活動の目的となる会則第3条は、次のように記されている。

「この会は、会員の団結により、郵政事業及び地域社会の発展に寄与するとともに、会員の勤務条件の向上を図ることを目的とする」

つまり、①郵政事業の発展、②地域社会の発展、③局長の勤務条件向上、という3点が、局長会の主目的である。その達成のために「政治的・社会的な主張と行動」をとることが規定され、会員を選挙に加勢させる根拠としている。

だが、郵政事業や地域社会の発展と、局長の勤務条件向上という目的は、互いの利害が衝突しうる。局長を優遇する特権の拡大が、ときには郵政事業や地域社会の発展を阻害することもあり得るが、その場合にどちらの目的をどのような理屈で優先するのか。いまの会則からは、読み取ることができない。

民営化前の会則では、「目的」はこう書かれていた。

「この会は、会員の団結により、特定郵便局制度の発展並びに会員の勤務条件の改善及び社会的経済的地位の向上を図るとともに、郵便事業の発展に寄与することを目的とする」

このときは優先順位がはっきりしていた。明治初期にフランチャイズ形式で始まった旧特定郵便局の「制度」を発展させ、局長の「社会的地位」と「経済的地位」を向上させることに重きが置かれている。地位や金銭も含む「既得権益」を守ったうえで、有能な自分たちが郵政事業の発展を牽引していくという理屈のほうが、職域団体やその利益代表たる国会議員の存在意義としては単純明快でわかりやすい。

ところが、民営化直後の会則改正で、「社会的地位の向上」は「地域社会の発展」という言葉に書き換えられ、「経済的地位の向上」は「勤務条件の向上」に含有することにした。[*6]

小泉純一郎による郵政改革で、定年や手当が一般社員より優遇されている特定郵便局長の特権に関心が集まり、非難の的になったためだろう。民営化後は局長個人の利益を3番目の目的に格下げし、国民や利用者のために資する「社会貢献」を組織の目的として目立たせるようになった。

その姿勢がより鮮明となるのは、2014年11月に作成された文書「政治対応の基本的な考え方」だ。現場の局長を指導する際に、会則とあわせて使われる。この文書には、次の4項目が挙げられている。[*7]

①日本郵便は将来にわたって政府が関与し続ける特殊会社であるため、法律や制度改正等で今後も政治との関わりが避けて通れない

②郵政事業の発展と地域社会の発展という活動目的に照らし、政治には国民・地域利用者の目線で積極的に対応していく必要がある

③ 考え方に賛同し、具体的に実践・行動する国会議員等とは、適切な信頼関係を構築し、かつ密接に連携して、郵政事業の諸課題の解決に向けた活動を展開していく

④ 国民・利用者の立場に立った郵政事業とするため、郵政事業を熟知した国会議員の存在が必要不可欠であるので、参議院比例代表に組織を代表する候補者を擁立し、関係する組織が一体となって、政策決定の場である国会に送り込むように取り組む

この文書では、「郵政事業と地域社会の発展」だけが掲げられ、「局長の勤務条件向上」が抜け落ちている。国民や郵便局の利用者のために政治力が必要だとうたい、局長の待遇や地位の向上のためだとは書かれていない。政治活動に取り組むのは局長の利益のためではなく、あくまで国民や利用者のためなのだと説くほうが、反論は受けにくい。世襲の局長が減り、一般社員や外部からの採用が増えていたことも背景にある。

だが、これはごまかしに過ぎない。全特の会則とその変遷を丁寧にひもとけば、組織の真の目的が国民や利用者のためでもないことが浮かび上がる。

特定郵便局の「三本柱」

全特が行う事業を定めた会則第4条には、こんな一文がある。

「地域密着型の郵便局の特性を維持発展させるための諸制度に関すること」

ここに書かれている「諸制度」の3文字は、全特が受け継いできた「特定郵便局制度」を指している。[*8] では、特定局制度とはいったい何なのか。

1993年に全特が発刊した「読本『特定郵便局長』」では、他の公務員とは異なる「制度の真髄」があるとして、こう解説している。[*9]

「特定局制度とは、特定局長の選考任用、不転勤、私有局舎という特性の総称である」

これら三つが、「特定郵便局の原点」ともうたわれる三本柱だ。

全特が組織の「教本」として2019年に改訂した「礎」では、郵便局の「地域密着」を担保するために特定局制度の三本柱が必要なのだと説き、こう強調している。[*10]

「三本柱の意義を会員が正しく理解し、その実現に向けて行動していくことが重要である」

三本柱とは、退任する局長が自ら後継者を選んで育成するという「選考任用」。局長は同じ地で働き続けて地域に生涯を捧げるべきだという「不転勤」。そして、郵便局舎の不動産物件は局長自身が保有して賃料を得るという「自営局舎（私有局舎）」の三つを指す。企業や官庁なら人事部門や管理部門が判断・決定すべき人事や店舗戦略について、実質的な権限を任意団体である局長会が握り続けようという意思表示でもある。

全特の主張は、三本柱を守ることで、郵便局は「地域密着型」となり、「郵政事業・地域社会の発展」や「局長の勤務条件の向上」が実現できる、という理屈となっている。

だが、企業のガバナンスを無視した三本柱が、果たして本当に組織の目的にかなっているのか。一つずつ検分していこう。

「動員力」と「資金力」の安定供給システム

選考任用の必要性について、全特の教本「礎」はこう解説している。*11

「特定郵便局制度が1871年創業以来の長き歴史を築き得た最大の要因は、競争試験による画一的な人材の登用ではなく、地域の信望を担い得る者を部内外に求め、多才な人材を広く登用する選考任用にあった。この選考任用が、地域に有能な人材を提供し、地域と共に生き、核となって地域に奉仕する特定郵便局長を存在させるに至った。現在は公募制という制度で任用しているが、その精神は何ら変わるところはない」

これが「選考任用」と題した項目の全文だ。中身が乏しく、真の狙いはまだ見えない。

そこで「後継者の育成」と題した項目を見ると、こんな記述が出てくる。

「全国郵便局長会は、あらゆる分野の資質を有する多才な人材集団である。私たちを取り巻く幾多の困難も会員の叡智と行動力によってこれを乗り越え、郵政事業の発展にも多大な貢献を行ってきた」

組織が困難を乗り越えられたのは、一般公募の競争試験ではなく、「選考任用」によって〝多才な人材〟を集めてきたおかげだった。それだけに、組織が自ら人材を発掘し、育てていく必要があるのだと説いている。

全国郵便局長会などが作成してきた内部資料

「後継者育成は郵便局ネットワークの維持と全国郵便局長会の存続にとって喫緊の課題であり、郵便局長が自身の責任で後継者を育成することが肝要である」

要するに、郵便局数の維持と、局長会という組織の存続のために、後任の局長は会社によってではなく、局長自身によって選ばれなければならない、ということだ。これら二つが選考任用の真の目的であり、二つの目的は相互に依存する関係でもある。

真の目的が違えば、当然、求められる人材も変わってくる。局長スカウトの現場で実際に求められるのは、仕事の能力ではなく、組織への忠誠心と政治活動への協力姿勢だ。組織にとって選考任用とは、端的に言えば、「動員力」と「資金力」を安定的に供給してくれるシステムである。

日本郵便という企業に巣くって局長採用の実権を握っていられる限り、会員が年を重ねて引退していっても、後任を確実に入会させることで、組織の人員をキープできる。裏を返せば、新任の局長が局長会に入らないという事態は、会員の減少を通じて組織の衰退や崩壊に結びつきかねず、なんとしても防がなければならない。

表向きは〝任意〟の団体を標榜していても、実態としては強制力のある団体であり続けなければ、現役だけで2万人弱の人員を維持することが難しくなる。

頭数はそのまま、組織の資金力にも直結する。会員に拠出させる毎年数十億円の局長マネーが、中央から地方にまで及ぶ広範な活動を支えている。一部は政治団体を通じて選挙の活動資金となり、国会議員へも注ぎ込まれる。

組織を支える安定的な人員と資金の供給システム。それが制度を死守すべき真の理由である。

転勤すれば地域貢献はできない

「不転勤」については、教本「礎」にこう記されている。[*12]

「生涯、その地域に家族共々居住することによって、地域の人たちとのつながりを深めながら事業の普及に努め、また、特定郵便局長自身が生涯にわたってその地域の中核的存在となることを目指すのが、不転勤の目的とするところである」

この一文は、1993年に全特がつくった「読本『特定郵便局長』」からそのまま引き継いだものだ。2008年版の「礎」で「目的とするところであった」と過去形になったものが、2019年版では現在進行形の表現が復活している。

読本には、さらに詳しい記述がある。[*13]

「特定局長は、地域の有力者、資産家等民間人の中から起用されたのが始まりであるが、その地域の居住者であるから、当然に転勤や通勤は予想されていない。また就任期間も特に決められておらず、定年もなかった。生涯その地にいて、郵政事業の普及に献身したのである。この理想は、現在も引きつがれている」

局長会が唱える不転勤は、単に現役時代の職住一体ではなく、生涯をかけて地域に身を捧げる覚悟を問うものとなっている。定年もなかった明治初期の慣例を、なぜ現代にまで引き継がないといけないのか。読本の記述は続く。

「一人の社会的影響力の及ぶ範囲は、都市部で半径五百メートル、農村部で千五百メートルとされている。この範囲外から通勤するということは、それだけ地域への影響力が薄れることになる」

どんな「影響力」が何のために役立つのかは不明だが、要は「社会的影響力が及ぶ物理的な距離」を根拠に、〝生涯〟にわたって家族ともども同じ地に住み続けることが局長会の〝教え〟であり、局長の転勤を認めない根拠となっている。

もう少し柔軟な考えが示されたこともある。局長の転勤のあり方への世間の関心が高まっていた民営化直後の２００８年に策定された「指針　新時代における郵便局長」には、こんな記述が残る。[14]

「郵便局長は不転勤が原則であるから転勤は認められないといった硬直的な捉え方をするのではなく、事業運営上、真に必要とされる転勤は、これまでと同様に受け入れていくべきものと考える。〈略〉２年〜３年ごとに機械的に転勤させることとなると、せっかく長年にわたって培ってきた地域密着性・地縁性が損なわれ、営業力や業績が低下し、事業経営上も大きな損失につながることになるので、機械的な運用については、郵便局長会として、会社と折衝し歯止めをかける必要がある」

日本郵便では、貯金や保険といった金融商品を扱う一般社員には、不正や癒着が起きにくくするため、最長10年で転勤させる社内ルールがあるが、旧特定郵便局の局長は例外扱いとなっている。「2~3年で機械的に転勤」というのは、自己正当化のための極端な対比に過ぎず、本来は一部の例外を認めつつ、最長10年の転勤ルールを局長にも適用すればいい。日本郵便がそうはせずに「10年程度の赴任では果たせない地域貢献がある」と薄弱な理屈を唱え続けているのは、ただ局長会の言いなりとなっているに過ぎない。*15

局長会が転勤を受け入れられない本当の理由は、別にある。

一つは、選挙での票集めに甚大な影響が出かねないことだ。

地域の住民を物色し、ターゲットを定めて後援会にまで入会させるには、相応の手間と時間がかかる。転勤が増えれば、人間関係を一から構築する必要があり、支援者や後援会員を獲得する手間と時間が余分にかかる。転勤を極力なくすことは、参院選の得票を維持することにつながる。

もう一つは、局長会での出世や評価のシステムが崩れかねないことだ。

局長会での出世コースは、同じ部会のなかで経験を重ねて部会長となり、地区会の役員に昇格し、ごく一握りが地方会、全特への階段を上っていく。部会や地区会の所属が変わらないことが大前提で、エリアを超えて実力を評価する機能も体系も備えていない。局長の転勤を受け入れれば、なれ合いで成立してきた既存の出世レースが根底から覆る。世襲や得票率の評価で組織を這い上がった局長会幹部には、転勤のたびに能力が試される環境などとてもではないが受け入れがたい。

局舎を持てばもうかったのは昔の話

「自営局舎」は親から引き継ぐだけではなく、新たに局長となる者には借金をしてでも手に入れるよう推進している。その理由が教本「礎」で説かれている。*16

「特定郵便局長が自ら局舎を所有することは、その地域に根ざした活動ができ、生涯を通じて開拓した地域を、後は誰に託したいという後継者育成についても真剣に考えることに結びついた」

「制度の根幹である選考任用、不転勤（任地居住）も自営局舎という土台がしっかりしていたからであって、その量的な拡大が即ち組織力の発揮につながり、いかなる時代の変革にも対応し得ることになる」

局長が局舎を自分で持てば、地域への思いが強まり、後任を自ら探して育てる真剣さが増す、という理論だ。三本柱の他の二つを維持するための武器になる、とも主張している。

1993年発刊の「読本『特定郵便局長』」は、自営局舎が減るデメリットも解説している。*17

「仮に、私有局舎が全国で五十%を割ることになれば、特定局制度の将来に問題が生じてくる恐れがある。全国の地方会、地区会の事業方針の中に、私有局舎の推進が多く謳われているゆえんである」

その根拠としているのが、戦後の沖縄県の事例だった。

米軍に統治された影響で自営局舎がなくなり、本土復帰から約20年間はほとんどが国有局舎だった。特定局長も転勤するようになり、本土復帰後に私有局舎を増やすのも難しく、選考任用も実現できなくなったとしている。

当時、危惧された「自営率50%」はすでに下回り、30年後のいまは全国の直営局数比で22%（2022年4月時点）となっている。それでも各地の局長会は自営率アップを掲げ、局長の局舎取得を推進している。自営局舎が局長の転勤を妨げ、選考任用の維持につながるとの理屈を引き継いでいるからだ。組織力の要である根幹システムを守るための道具のようなものだ。

現場のカラクリを知れば、組織にとっては金銭的なうまみが大きいこともわかる。

第3章で詳述したとおり、民営化前は相場より高い賃料が払われ、局舎を持つ局長個人がもうかる時代もあった。ところが、民営化で契約条件が厳しくなり、ローンを組んで局舎を建築しても、もうけはほとんど出ない仕組みに変わった。上場企業の主要会社となった日本郵便で、従業員が不当な利得を得ていると疑われないようにするためだ。

それでも、局長個人に資金を融資する組織は別だ。局長の多くは、郵便局長協会で数千万円のローンを組む。一つの地方会でローン残高が数十億円、年間の利息収入が数千万円に上る例があり、全国で億単位の利息収入をもたらしている。

日本郵便が払う賃料を元手にした絶対安定の資金運用であり、組織にとっては資金力を維持するために不可欠な施策だ。

会員の待遇改善はどうでもいい

民営化される以前の三本柱は、局長個人の利益にもたしかに結びついていた。とくに、親から子や孫へと局長ポストと局舎を引き継ぐ「世襲局長」への恩恵が大きかった。国家公務員という職業と安定した賃料収入が見込める不動産を相続できる「世襲制」を守るためのシステムそのものだった。

局長会では、局舎を自ら持つ者は「オーナー局長」、局舎の所有者の子息や親族は「準オーナー局長」と呼ぶのに対し、社員から登用されて局舎も持たない者は「サラリーマン局長」「雇われ局長」などと蔑まれてきた時代が長い。オーナー局長であるだけで高い評価を受けやすく昇給や昇格も早くなる「世襲優遇」は減る傾向にはあるが、名残は今も各地に残る。

民営化以前の全特は、特定局長が享受できる利得を増やし、地位向上も図る「利権団体」としての性格がもっと鮮明だった。局長という職位の者同士が団結し、組織力を高め、政治力にすがる理由もはっきりしていた。

そもそも全特が戦後に再結集したのは、特定局長への特権批判と制度撤廃を求める労組に対抗するためだった。特定局長ポストの維持や定年制度の適用除外、局舎の賃料アップなどを求めて政治に働きかける行動をとり、一定の成果を収めた成功体験もある。その果実は金銭的にも社会的にも、局長個人にも利得をもたらした。民営化の足音が強まり、特権が縮小していく過程においても、既得権益を守る抵抗力としての役割を果たしたことも間違いない。

だが、民営化して十数年が過ぎたいま、特定郵便局の「真髄」とうたわれる局長会の三本柱に、会員個人のメリットは見いだしにくい。

世襲が減り、一般社員からの登用が大勢を占めるようになってきた。局舎を持っても金銭的なうまみがなくなり、個人にとって守られるべき権益も小さくなった。

全特にもその自覚があったのではないか。だからこそ、局長個人の利益を追求するスローガンを引っ込め、「郵政事業・地域社会の発展」という崇高な目標を前面に立たせるようにした。それは世間の目を意識した戦略だったが、冷静な会員からすればデメリットの大きさが浮き彫りになったはずだ。

会員の局長は休日に無償での動員を求められ、組織活動のために有給休暇も費やされる。毎年20万円超の金銭負担を強要され、政治信条の自由も認められない。そうした犠牲によって賄われる活動が、会員自身の利益にはならず、いったい何のために捧げられると言えるのか。

三本柱は、組織の動員力と資金力の安定供給を支えるシステムであり、任意団体である局長会の組織力を強化するための手段である。それは同時に、選挙で得票を伸ばす武器となり、組織の政治力を保つことに役立つ。

だが、組織の利益につながることは明確でも、では、その組織力を何のために必要としているのか。会員個人のためでもなければ、事業や地域にとってもプラスにはなっていない。ただただ組織と一握りの幹部を利しているばかりである。

組織の目的をあいまいにしながら従来の活動を漫然と続けてきたツケで、本来は手段であるはずの三本柱の維持や選挙での票集めそのものが〝目的〟と化してしまったのが実態だ。本来の目的を見失ったために、戦略もなく選挙の数字ばかりを追い求める組織運営に行き着いた。それが会員と組織の暴走や迷走を招き、組織崩壊の危機を自らたぐり寄せる最大の要因である。

第四部

行方

郵政民営化から十数年。全国に敷かれた2万4千の郵便局網は、ほとんど何も変わらずに鎮座している。民営化で自由度が高まるメリットを生かすことなく、サービスの魅力を磨く努力も怠り、顧客の利便性を高めることもできなかった。郵便局長会の利権を守るために駆けずり回り、顧客や地域住民の立場や利益を後回しにしているからだ。

日本郵政グループの売り上げは4割も減り、コスト削減によって利益を捻出する経営が漫然と続いている。限界に達するのは時間の問題なのに、経営陣や局長会執行部の危機感は薄く、不都合な真実とは向き合おうともしない。

将来を案じる若手の局長からは、組織の抜本的な改革を求める声が出ている。郵便局がただ無用となって消えていく宿命を変えるには、腐敗の根因となっている局長会の刷新が不可欠だ。組織改革のポイントとともに、郵便局の行く末を探る。

第十二章　変革ゼロなら消えていく

比例票を動かすキーマン

村の比例票を動かす〝キーマン〟は、マウンドの上に立っていた。

参院選の公示が1週間後に迫る2022年6月中旬の夜、大人が4チームに分かれて戦うソフトボール大会のナイターゲームが、村唯一の小中学校のグラウンドで開かれていた。[*1]

緩急をつけた投球スタイルに定評のあるエースピッチャーは54歳。年配者からは「ヤマさん」と呼ばれる。味方にエラーが出ても「一つずつとってこー」と励まし、チームのムードをもり立てた。場所は四国山地の山々に囲まれた、吉野川の源流に近い高知県大川村である。

村の人口はこの時点で363人。離島を除く自治体では「国内最少」の筆頭格だ。1960年代に4千人が暮らしたが、70年代に銅鉱山が閉鎖し、役場を含む中心部はダムの底に沈んだ。村民の4割を65歳以上の高齢者が占める。

そんな村で3年前、参院選の比例区に投票した3人に1人が、同じ候補者名を書いていた。地元の出身でもなく、ゆかりもない、組織の実情さえよく知らない名前を。全国郵便局長会

（全特）が擁立した組織内候補だ。

朝日新聞デジタル機動報道部記者の小宮山亮磨が村の選挙結果を調べたところ、2019年の有権者は359人、投票者は245人で、そのうち87人が全特の候補に投票した。得票は小泉政権時の2004年の17票から5倍以上に増え、投票者数に占める割合は5％から36％に躍進。全国で最も高い得票率だった。[*2]

この間にいったい何があったのか。その鍵を握るのがヤマさんこと、村でただ一人の郵便局長だ。

村の春の風物詩である「さくら祭」を手がける69歳の川上千代子は、2016年の参院選から局長会候補に投票し始めた一人。親の介護で夫と村に戻ったUターン組で、実家の庭に植えた桜の木々を活用してイベントを主催。案内状の発送の相談で郵便局を訪ねたのをきっかけに、窓口でヤマさんから「候補者の後援会に入って」と頼まれたのが始まりだ。[*3]

「とってもいい人なの。ほかに応援する人もいないから、『お願いします』『はい、わかった』って感じ。信頼するヤマさんの推薦なら言うことを聞く。そういう人が他にも多いのでは」

役場や郵便局が並ぶ村の中心部から離れ、戸建て数軒の集落に一人で暮らす88歳の秋山田鶴子も、ヤマさんに投票を呼びかけられた。[*4]

巡回バスで郵便局に立ち寄り、カタログ販売で食品などを買う「お得意様」でもある。全国

高知県大川村の中心部。かつての集落はダムの底に沈んだ

で低迷する日本郵便の「みまもりサービス」も、ヤマさんに売り込まれて数年前から利用している。月額2500円で、局員か局長が月1で面談し、近況をレポートにまとめて家族に届けるサービス。夫を亡くし、大阪に離れて暮らす息子は反対だったが、田鶴子自身は話し相手が増えたことを喜ぶ。ただ、参院選が近づくと、ヤマさんは候補者の顔を大写しにしたチラシを持ってきて、「よろしくお願いします」と頼んでくる。

私は2022年6月、ヤマさんから参院選で投票を促された村民11人に話を聞いた。多くは郵便局内で声をかけられ、一部はヤマさんが自宅や職場を訪ねてきた。全員が顔見知りで、このうち8人が郵便局長会の推薦候補に投票していた。比例区で応援する候補者がとくにいなかったという人ばかりだ。

ヤマさんが局長に就任したのは２００１年。村の住民ではなく、車で30分の町から通いながら、20年以上も転勤せず同じ局の局長を続ける。その間に村の得票は躍進した。局長１人の村で87票も出たのは、全国の平均得票数と比べても突出した成績だ。

「温厚な性格で、村民に広く信頼されている。票がなぜ伸びたかはわからんが、局長の努力の成果なんだろう」

こう語るのは、62歳の村長、和田知士（かずひと）。*5 最近はゆっくり話す機会が少ないが、自分が村職員だった頃は一緒にゴルフを回る仲だったという。

「私がボールの赴くままに飛ばすのに対して、局長は丁寧なショットで性格が出る。スコアは80くらいで回る腕前だったよ」

ヤマさんを知る村民からは、「村に貢献している」との言葉も聞かれる。村の行事に参加し、盆踊りや花火を楽しむ村民祭ではヨーヨー釣りなどの出店を引き受ける。学校行事に招かれ、あいさつに立つこともあった。

だが、村民と郵便局そのものの接点は意外に乏しい。局は局長と局員の2名体制で、来店する客は年金の支給日を除けば、１日に片手で数えるほど。ＡＴＭだけ使って帰っていく客もいる。各戸に手紙を配って回る集配機能は、隣町の大きな局に集約されている。

高知県大川村の大川郵便局

1970年築の木造局舎は大川村役場のすぐそばに立ち、土地と建物は日本郵便の所有だった。不動産を手放して役場の一角に間借りすれば、コストを抑えて赤字を減らし、集客を多少なりとも増やす効果も見込めるが、局長会の意を汲む日本郵便には難しい。

役場から離れてポツンと立つ一軒家を回ると、郵便局に行く用事が全くなく、局長の名前も知らないという村民が珍しくない。そうした村民は選挙の勧誘を受けることもない。結局、ヤマさんは、局に来る客と、ソフトボールやボランティアを通じて知り合う人たちを標的にして票を稼いでいるだけではないか。

大川村の郵便局が地域のためにどのような貢献をしているか。そう日本郵便とヤマさんに質問すると、どちらも取材拒否だった。[*6]

住民51人だけのぽつんと郵便局

２０２２年９月15日、北海道夕張市。私は新千歳空港からレンタカーに乗って市内を走り回った。ここに来たのは、２００６年の財政破綻から16年ぶり。朽ち果てた家屋がそこかしこに放置されている光景に驚かされた。

市の人口は８月末時点で６８７０人。この20年で半減したが、市内の郵便局は13局で20年以上前から同じ。なかには33世帯51人しか住民が住んでいない地区で、ぽつんと営業を続ける局もある。

地元の市議会議員は「大きな声じゃ言えないが」と前置きしながら、語り始める。[*7]

「郵便局がたくさんあるのは本当にありがたいよ。でもね、こんなに多くて大丈夫なのかと、不思議でしょうがないんだよね。普通の会社ならつぶれるでしょ……」

かつては炭鉱の町として栄え、最盛期には11万人超が暮らした。炭鉱が消え、ダムが造られ、財政破綻も人口流出に拍車をかけた。

市の中心部から車で10分足らず。３００人余りが暮らす南部地区に二つもある郵便局の一つ、木造平屋建ての遠幌（えんほろ）郵便局では、工事業者の職人が屋根の張り替えに精を出していた。最近まで局舎が雨漏りしていたからだ。

100万円を超える工事費を負担したのは、車で2時間近くかかる美唄市に住む79歳の加藤進一。48年前に私費で局舎を建てた局長の息子で、父親の死後に所有権を引き継いだ。自身は旧郵政省には勤めていない。[*8]

日本郵便から受け取る局舎の賃料は、民営化当初の10万円程度から7万円程度に下がった。数年前にも200万円を超える耐震強化工事で出費があったばかり。進一は苦笑しながら語る。

（上）北海道夕張市の夕張清陵郵便局。隣の局まで500メートルしか離れていない
（下）北海道夕張市の南大夕張郵便局。300人余りが暮らす南部地区に二つある局の一つ

「毎年のように修繕を求められて、ここ数年は大赤字。父親も市外からの転勤で局長になった。地域のためにも局を残したい思いはあるけど、兄弟からは『何とかしろ』と言われる。子どもに赤字の局舎を残すわけにもいかない。タダでもいいから引き取ってもらえるとありがたいのだけど」

南部地区に住む町内会長の一人、78歳の前田安幸は「郵便局と警察の駐在所だけは残ってほしいね。なくては困る人が確かにいるから」と訴える。[*9] 周囲はみな高齢で、車を持たない世帯も少なくない。局長から「郵便局がなくなると困るでしょ」と、参院選で投票を求められると逆らえない。

ただ、実際に郵便局を使うのは年金を下ろすのが中心で、月に何度も出向く人は少ない。以前は局長が祭りを手伝ってくれたが、新型コロナの流行で祭りも中止に。話していくうちに、前田が認める。

「私も郵便局がいつまでもあるとは思ってないよ。働くところはなく、子どもも戻ってこない。78歳の私が町内会でいちばん若い部類。この集落がいつまであるかもわかんないからね」

夕張市は厳しい財政事情を踏まえ、行政機能を集約する「コンパクトシティ構想」を推進中だ。市民も議論に参加した構想で、小中学校は各1校に減らし、過疎の住民には中心部への移住を促す。ＪＲの鉄道は廃線となり、幹線道路から外れたバス路線もなくなる一方、予約制のデマンドバスや生協の移動販売車、病院や介護施設の送迎車が行き来する。

郵便局は往時に少なくとも19局あり、今も13局が残る。１９９８年に1局がダムの底に沈んだのを最後に、削減が止まった。廃校となった校舎に入居した1局をのぞき、どの局舎も老朽化し、風雪に耐え忍んでいる。

住民登録が33世帯51人しかない楓・登川地区には、山々に囲まれた国道沿いに登川（のぼりかわ）郵便局がぽつんと立つ。

夫を亡くして一人暮らしの88歳の中谷勝恵は、健脚なら5分の距離を、杖をつきながらゆっくり30分かけて郵便局まで歩く。*10 月1で1カ月分の生活費を下ろすのが習慣だ。

「月1回でもね、窓口でちょこっとしゃべるのが楽しいの。歩けばさ、体にもいいし」

中谷が暮らす旧炭鉱住宅も空室だらけだ。１棟に数人が暮らすのみ。まわりは壁に穴が開いて鉄骨がむき出しの観光施設が点在し、郵便局のほかに営業するのは、夏場限定のメロン販売所くらい。

それでも毎週木曜には、生協の移動販売車がやってくる。事前に注文した品は玄関まで運んでくれる。中谷は月数回のデイサービスで、隣町のスーパーへ買い物に出かけるのが楽しみで、行きつけの美容室も送迎付きだ。

中谷にとっては、郵便局は「なくては困る存在」だ。ただ、来客が重なるのは年金支給日く

北海道夕張市の森に囲まれた登川郵便局

らいで、局がなくなる可能性についても存外に明るく語る。

「そんときは何か考えますよ。月1でいいから来てくれって、まずは要望しますよ。でもね、なくても何とかなります。そういう人はたくさんいるからね」

　そう言って中谷が口にしたのは、いまも100人超が暮らす真谷地地区だ。郵便局は1992年に廃局となった。一人暮らしで83歳の川畑晴子が振り返る[*11]。

「年金支給日に、別の郵便局までぞろぞろ歩く人の列ができたこともあったね。いまは近所の住民同士で誰かの車に乗せてもらうとか、いろいろ工夫して何とかなっている。登川には郵便局があって、ここにはないのかと思うこともあるけど、もう慣れちゃった」

地域に暮らす住民の生活も、住民と向き合う行政や事業者のサービスも、工夫を凝らして維持されている。そうした現実のすぐそばで、郵便局はただ客が足を運んでくれるのを待ち続けているだけだ。

衰退エリアからの撤退条件

成田国際空港から南東に10キロあまり。千葉県横芝光町のだだっ広い畑に隣接するちいさな郵便局が２０２２年３月22日、79年の歴史に幕を下ろした。*12

大総郵便局は１９４３年、旧大総村の中心部に村長の次男が開設した。１９５５年の町村合併で村が消えたあとも、１９６９年に建て替えた木造局舎を、村長の孫で２代目局長だった74歳の吉岡憲一が引き継いできた。

憲一は小泉郵政改革に反対し、民営化を目前に退職した。子どもがなく、局長のなり手も見つからず、憲一のあとは町外から通ってくる社員３人が局長を務めた。局員と２人だけの「２人局」だ。

憲一としては、不動産を引き受ける局長がいれば、物件を手渡すつもりでいた。のちに参議院議員となる長谷川英晴がトップの地区郵便局長会にも打診したが、引き受け手が現れることはなかった。

大総地区の人口はかつての半分以下に減り、２０２０年以降に小学校や保育所も、農協の支所も閉鎖した。いまは駐在所とちいさな商店が残るだけで、衰退ぶりが際立つ。

憲一によると、局の閉鎖は２０１９年から２０２０年にかけて、日本郵便関東支社と局長会、所有者である憲一の間で話し合われた。局舎の基礎部分に問題が見つかり、大規模な修繕工事を所有者負担で施すかどうかを迫られ、憲一が閉鎖をのまされる形で決着したという。

地元の区長２人への根回しに憲一も同行したが、「仕方ないね」との声が返ってくるばかり。車ですこし走ればコンビニや別の郵便局がある。車を持たないお年寄りの顔も何人か浮かぶが、スーパーの移動販売車や撤退した農協のＡＴＭ積載車が週1でやってくる。郵便局という店舗そのものは「生活に欠かせないインフラ」ではなくなっていたのだ。

「何とか残せないのか、という思いはあった。先代にも申し訳なかった。でも、ここは限界集落。仕方ないと私も思っていますよ」

局長会が局の閉鎖を受け入れた本当の理由は、別にある。

大総地区を見限る裏で、20キロ余り離れた分譲住宅地のなかに新たな郵便局をつくる話が進んでいた。伊藤忠商事などが１９９０年代に開発した大網白里市のみどりが丘ニュータウンで、大総地区と比べれば多少は需要が見込める。局長自身に土地を取得させて局舎も持たせようと、

千葉県横芝光町で閉鎖した大総郵便局の旧局舎

2021年には物件公募の手続きが行われた。

　要するに大総地区からの撤退は、みどりが丘ニュータウンでの新設との「バーター」だった。畢竟(ひっきょう)、局長会も衰退する地域からの撤退そのものに反対しているわけではない。局数は減らさず、あわよくば局舎を持つ局長の数を増やすことが大事なのだ。

　地区のトップだった長谷川は退職後の2021年11月中旬、東海地方で開いた「囲む会」で、こんな話をしていた。*13

「郵便局はどうあるべきか、考え方は二つある。同業他社がどんどん店を閉める状況で、郵便局も撤退すべきだという意見が一つ。もう一つは、郵便局が最後の砦として地域を守り、地域のメンテナンスをやっていく。絶対に後者だ」

「地域を最後まで支える組織が郵便局。陣頭指揮をとれるのは局長以外にない。局長の存在こそが、日本という国にとって、最後の砦になる存在だ」

立派なご高説だが、それなら自身の足もとで閉鎖した大総郵便局は何だったのか。最後の砦は地元のスーパーや農協と、何よりも住民自身であり、郵便局長などではないではないか。

土曜・翌日の郵便配達を切り捨てて守った「聖域」

全国に配置された郵便局の数は、２０２２年9月末時点で一時閉鎖中の局も含めて2万４２７７局。[*14]このうち４１３４局が個人や農協などに業務を委託する簡易郵便局だ。民営化した２００７年10月1日以降、15年での減少は１％強の２６３局。内訳は、直営局が98局、簡易局が１６５局だった。

民間企業から転じた日本郵便の元経営幹部は、こう振り返る。[*15]

「郵便局を一つ減らそうとするだけで、局長会からものすごい反発や抵抗がわき起こる。統廃合が必須なのは誰の目にも明らかなのに、誰も触りたがらず口にも出さなくなっている」

鹿児島県の奄美大島から船で十数分、１千人余りが暮らす加計呂麻島。広さ77平方キロメートルの島には、戦前から四つの郵便局が置かれている。

1876年に二つが開局し、軍港ができた影響で1935〜1938年に倍増した[16]。だが、人口は1955年の8500人超から8分の1以下に減少。ちいさな集落が点在する地形と、人口が激減しても局が残る構図は、北海道夕張市と同じだ。

築40年を超えた4局はいま、平日午後4時になると窓口が一斉に閉まる。本来の営業時間より1時間早い。

「郵便局に人が来るのは年金の受給日くらいだからね。2局に半減してもしょうがないと内心は思うくらいで、局が残るうちは営業時間がいくら短くなっても平気だよ」

そう語るのは、地元の郵便局長を15年務めた89歳の川畑義夫だ[17]。局長のなり手がなかなか見つからず、2局の局長ポストは最近まで長らく空席だった。局員はほとんどが奄美大島からの通いだという。

島にはかつて二つの村があったが、町村合併で役場は隣の奄美大島へ集約された。いまは支所もなく、金融機関も他にはない。ただ、川畑自身もたまにATMでお金を下ろすくらいで、郵便局へ行く用事は数少ない。

日本郵便は2021年7月から、離島や過疎地に立つ9都県53局の営業時間を縮め始めた。このうち16局は昼休みも設けるため、営業は最短6時間となった[18]。

来局者数が漸減している傾向は都市部も同じで、窓口の短縮は各地で進む。土曜や夜間の営業を減らし、民営化当初は全国で372局あった24時間営業も2020年4月には全廃した。*19

来局者の減少は、生活形態の変化とともに、主要3事業が使われなくなっている現実を投影している。

民営化当初は200億通を超えた郵便物数が2021年度は148億通に減り、ドル箱だった年賀状の発行枚数も半分以下に落ち込んだ。過去15年でかんぽ生命の保険契約数は半分以下に減り、日本郵政グループ全体の売り上げも4割減となった。

ゆうちょ銀行の貯金残高はマイナス金利の影響で増加し、国債中心だった資金運用の比重を外国債券や投資信託へ振り向けることで利益を確保しているが、電子決済の普及や手数料の値上げで窓口の利用が減る傾向はこれからも続く。

売り上げが急速に萎むなかでも利益をなんとか捻出するため、サービスや雇用を削る大なたが振るわれている。

日本郵便は2021年10月から「土曜配達」をなくし、2022年には平日の「翌日配達」もやめた。以前は翌日に届いた郵便物の到着が翌々日になり、土曜を挟むとさらに遅れるようになった。1968年に日曜日の配達を廃止して以来の大改革。「働き方改革」の側面がアピールされるが、深夜の仕分け作業を大幅に減らすことで、人件費を中心に年539億円の費用削減を見込み、実際にはコストカットの側面が強い。

雇用削減も急ピッチだ。日本郵政グループ全体では、2025年度までの5年間で計3万4500人を減らす。このうち日本郵便が従業員の8％にあたる3万人分を占める。採用を絞り、希望退職も募るなどして、当初2年のうちに1万8千人が会社を去った。

郵政グループ経営を研究する東海大学教授の立原繁（たちはらしげる）が語る。[*20]

「社会や生活の変化に対応できず、昔ながらの事業を漫然と続けている。利用者は高齢化し、若者からは見向きもされない。その傾向に歯止めがかからず、利用されずにサービス低下や値上げが進む『負のスパイラル』に陥っている」

会社は郵便局の数と局長ポストをコスト削減の「聖域」としているが、いずれは限界を迎える。赤字局舎を大量に抱える日本郵便の経営は、ゆうちょ銀行とかんぽ生命から「ショバ代」のような形で1兆円近い手数料を巻き上げることで成り立ってきた。だが、超低金利環境のもとで資金運用が難しさを増し、かんぽの不正問題で客離れが加速。金融2社からの手数料はこれからも縮小を強いられる。

立原が続ける。

「主要3事業で2万4千局を維持できなくなる日が近づいている。いまは配達頻度を減らし、雇用を削り、サービスの価格も上げてなんとかしのいでいる段階だ。このまま局数だけを維持し、郵便サービスの低下や値上げをさらに進めることが国民や利用者の理解を得られるのかは疑問だ」

局数に固執してコスト削減で利益を捻出するグループ経営が、持続可能なビジネスモデルではないのは明白だ。ところが、その命題にグループ経営陣や局長会幹部は決して向き合おうとしない。

寂しすぎる「みらいの郵便局」

日本郵政社長の増田寛也は2022年9月末の記者会見で、民営化して15年の郵政経営は「単にコストカットしただけではない」と強調しながら、独特の考えをこう披瀝していた。

「サービスの内容やレベルで批判はあるかもしれないが、地域の人口減少の数字と明らかに違う形で（郵便局網を）守ってきた。歴代経営者の成果ではないか」

思い起こせば、かんぽ生命の不祥事を受けた2020年1月の就任当初から、増田は局数を維持しながら「付加価値」を高めることで客を呼び戻す姿勢を鮮明にしていた。「デジタル化」を旗頭に、2021年春には楽天グループとの資本提携を決めて1500億円を出資。同グループ幹部を郵政幹部に迎え入れるなどし、デジタルと冠のついた子会社や新組織を続々と立ち上げた。

では、郵便局という窓口の価値をいったいどうやって高めるのか。誰もが首をひねる疑問への答えが示されたのは、増田の就任から2年半が過ぎた２０２２年7月のことだ。

「みらいの郵便局」と銘打った一大プロジェクトが、鳴り物入りで始まった。舞台は東京都心の大手町郵便局。前年の中期経営計画で郵便局の「価値創造」をうたってから、1年がかりで練り上げた発表だったはずだ。

　ところが、お披露目会で登場した最大の「目玉」は、郵便物の重さや長さを客に自分で計測させるセルフレジ。秤やものさしが置かれていて、客が自販機で証書を買い、自分で貼って投函する仕組み。ほかは、天気予報などを表示するディスプレー、窓口の混雑状況がわかる発券機……。真新しさが乏しく、他局への展開は２０２３年以降だという。「みらい」というネーミングに躊躇はないのか。

　民営化してから15年もの歳月を与えられながら、郵便局の「利便性向上」はまるで進まなかった。大きな変化といえば、ようやく２０２０年から、一部の局が電子マネーなどの決済に対応し始めたことくらい。実際に導入したのは２０２２年時点でも3分の1程度にとどまり、夕張では13局のうち1局でしか使えない。

　郵政事業を長く見てきた東京国際大学名誉教授の田尻嗣夫（たじりつぎお）が、厳しく批判する。[*21]

「利用者の利便性が向上すると言いながら、変化が何もない15年だった。新たな展望も思い切った改革もない。やることは民間企業の後追いばかり。郵便局の数を守ることだけは躍起だが、それは本当に国民の望みなのか。誰のための民営化だったのかを完全に見失っている」

いまの経営陣と局長会のままでは、郵便局の死期を早めるばかりだ。

コンビニに勝る魅力があるか

局長会にも多少の焦りはある。少なくとも「郵便」「銀行」「保険」の3事業を漫然と続けるだけでは、利用者のニーズが萎む流れを止められないことは自覚している。

そこで組織が躍起になっているのは、地方自治体と結ぶ「協定」を増やすことだ。「公共」の活動に携わることが、自尊心をくすぐる面もあるのだろう。

日本郵便が地方自治体との間で結んだ「包括連携協定」は、2022年3月末時点で全国1741の市区町村のうち1300に及ぶ。[*22] だが、数を増やすことが目的と化し、結んだあとに何もできないケースがめだつ。

北海道夕張市との間では、2017年に「包括連携協定」が結ばれ、誇らしげにPRもされた。だが、その後の5年間で実現した取り組みを日本郵便に問い合わせると、「市の広報と観光案内を局の店頭に置くこと」と返ってきた。[*23]

協定のメニューには、道路の損傷や不法投棄を見つけたら役場に知らせること、行方不明になった高齢者の情報をファクスで受信して見つけたら知らせること、なども入れるのが一般的だが、どれもボランティアの域を出ないし、仰々しく協定を結ぶ必要性もない。ビジネスに結びつけたい下心がないわけではない。

協定ブームの前から、住民票の写しや印鑑登録証明書の発行などを受託することは可能で、全国で600局余りが受託している。最近はマイナンバーカードのパスワード更新や引っ越しに伴う転出届などの手続きも受託できるよう制度改正が進められてきた。ただし、どれも頻繁にある用事ではなく、客足や収益を取り戻す効果は限られる。

より生活に身近なサービスでは、バスの回数券や敬老パス、消費喚起策の商品券などの販売を受託するケースがある。横浜市では2022年、スマホなどを持たない高齢者向けに、新型コロナワクチンの予約代行を1件あたり数百円で請け負った例もある。とはいえ、局の手数料収入は多くが1件数十円、高くても数百円にとどまる。受託が見込めるのは財政にゆとりのある自治体で、夕張市のように財政が厳しい自治体には縁遠い。住民が少なければ、行政で十分に手が回る場合もある。

2021年からは、ファミリーマートの無人販売コーナーを関東の郵便局に置く実証実験が始まった。これまで地方の名産品が中心だった局内の物販は、日用品のラインナップを増やしていく方向だ。地銀のATMを局内に置く例もある。

無人駅だった千葉県鴨川市のJR内房線江見駅には、2020年に江見駅郵便局が開設され、特急券販売やトラブル対応といった駅業務をJR東日本から請け負っている。こうした試みのなかから、地域によっては魅力ある「窓口」が生まれる可能性もないわけではない。

局長会の利権を無視すれば、バスやトラックにATMを積んだ「移動型郵便局」にもまだチャンスはある。いまは災害派遣や一時閉局のために全国で数台を稼働させているだけだが、実際に営業を停止している郵便局は全国で600局を超える。*24 地域の需要に合わせて月1〜週1ペースで車を回し、一定時間だけ開局する。集客を見込む大型イベントにも出店できる。客の反応や利用頻度の実績を積み上げていけば、局舎の削減や効率化につなげられる。

人口減少が続く地域で、本当に必要とされる対面の窓口サービスとはどのようなものか。行政サービスやスーパー、農協などとともに模索すべきだ。高齢者に不可欠な医療や介護の分野と結びついていくことにも可能性がある。有意義と認められれば、公衆電話や過疎地の電話回線が一般利用者の負担で賄われるように、過疎地の窓口を利用者負担や補助金などで支えることにも理解を得られるかもしれない。

ただし、その担い手が郵便局である必然性はない。

地方自治体の事務手続きでも、住民票の写しや印鑑登録証明書などの発行は、コンビニのほうがはるかに便利だ。郵便局では証明書などを役場からファクスで取り寄せるアナログ形態を続けているのに対し、コンビニなら複合機がその場で客のためにプリントしてくれる。委託先がコンビニだけという自治体が多いのには、理由がある。

コンビニには食料品や日用品がそろい、温かい弁当やコーヒーも提供してくれる。多数の金融機関に対応するATMを備え、荷物の発送や受け取りもできる。映画やイベントのチケットから高速バスのキップまで売っていて、損害保険や資格試験などの申し込みも受け付ける。郵便局が旧態依然としてたたずんでいる間に、コンビニが着々と進化を重ねてきたことは、多くの生活者が間近で感じてきたことでもある。

郵便局が窓口としての魅力を高めることに限界があるのなら、窓口機能を外部委託するのも手だ。

日本が創業時のモデルとした英国も含め、欧州各国の郵便局網は、スーパーやガソリンスタンドなどに窓口機能を委託する〝郵便局〟が圧倒的に多い。[*25] 日本にも外部委託の簡易郵便局は約4千局あるが、いまは個人や農協への委託が中心だ。コンビニやガソリンスタンドへの委託を増やせば、利用者の利便性も高まる。

地域の住民にとって真に必要とされているのは、郵便局という名ばかりの不動産ではなく、肩書だけの「郵便局長」でもない。公共や民間のサービスを集約させた「窓口」の形を企画・

立案し、低コストでも運営できるかたちを実現する主体である。

いまの局長会と日本郵便では、そんな資質も資格もない。「局長の利権ファースト」で局舎の数に拘泥し、利用者や住民の立場やニーズを理解できず後回しにしている。郵便局はゆっくりと沈下を続け、いずれ息継ぎできなくなって死んでいく宿命にある。

郵便局の生き残りを本気で模索するなら、組織のあり方を根底からひっくり返すような抜本的な改革が不可欠だ。まずは局長会が自身の目的や存在意義を根本から見直し、活動のあり方もゼロベースで変えること。本当に必要とされる郵便局の数を精査し、形や配置を変えたり統廃合を進めたりすることも避けては通れない。すでに手遅れの恐れもあるが、どうせ死ぬ宿命なら、やるだけやってみる価値はある。

終章　組織改革三つの提言

未来が見えない

横浜市の新横浜プリンスホテル5階の宴会場「シンフォニア」の入り口には、「未来を考えるミーティング」とだけ書かれた看板が掲げられた。祝日の2022年2月23日、全国から集結したスーツ姿の大人が朝から続々と会場へ入っていく。傍目にはそれが、郵便局長の催しとはわからない。

この日は局長の不祥事が噴出する事態を受けて、全国郵便局長会（全特）幹部らが現場の局長の声を聞くために開いた会合だった。[*1] ウェブ参加の局長も含めて計163人が32グループに分かれ、組織の改善課題について議論し、終日かけて意見を取りまとめた。

全特会長の末武晃（中国地方郵便局長会会長）は、締めくくりのあいさつで「意見はしっかり受け止め、全特の組織風土改善のために役立てていく」と述べたが、その場で具体的な改善策に言及することはなかった。

顧客情報やカレンダーの流用問題が取り沙汰された2021年秋以降、全特は不正の根本原因に向き合うよりも、内部の文書が漏れ出すことへの危機意識を強めた。会員同士が意見を出し合う会員専用サイトの掲示板は閉鎖し、局長会幹部で共有する文書を大幅に減らした。組織の指示や意図は文書に残さず、口頭で伝えることが増えた。組織が不正に走ったことよりも、情報を漏らす行為を問題視する考えが根底にあるからだ。

問題の所在をあいまいにしたまま、全特は「組織風土改善対策本部」の新設を２０２１年末の役員会で決定。全国から局長を集めて意見を聞くほか、局長会から相談を受ける「ダイレクト相談窓口」の設置も決めた。外部有識者でつくる「助言会議」もつくり、組織の規定や会議資料の内容を再点検した。不満が外へ漏れるのを抑制し、不正があっても証拠を残さないようにする仕掛けとも言える。

全特執行部の顔ぶれはまったく変わらず、現場に求めたのはあくまで「未来」についての意見であり、「過去」を検証して清算することではなかった。

冒頭のミーティングで寄せられた意見を全特が会員向けに公表したのは5カ月後、参院選が終わってからだ。[*2] 公表された意見は、３００を超える。その中身は、現状の組織運営への批判や疑問と、旧来の〝伝統〟を重んじる局長会規範とが真っ向から衝突している。

全特執行部への批判や疑問としては、次のような声が上がった。

「現場と全特が考える意識の違いを感じている。現場にそぐわない指示が全特から多い」

「全特に対してものを言えなかった人が多い。不平不満を出させるなら、声を上げる場だけでなく、執行部もリアクションしていくべきだ」

政治や選挙の活動への不満も相次いだ。

「獲得目標が毎回増えていく。明確な理由が示されないのに、数字だけが一人歩きしている」

「数を際限なくめざすのは危険ではないか。選挙違反などのリスクがある」

「目標がトップダウンで設定され、納得感がないまま活動している」

最重要施策である三本柱（選考任用、不転勤、自営局舎）への疑問も出ていた。

「局長会制度の三本柱もアップデートが必要だ。守るべきなら、その必要性を改めて定義してはどうか。教本を読んでも、局長になろうとか楽しい未来が描けない」

局長も一般社員と同様に転勤すべきだ、との声もめだつ。郵便局の統廃合が必要だ、とする意見もある。局長夫人会の廃止や見直しを求める声はさらに多い。

だが、組織の価値観に染まった局長からは、組織を正当化する意見がぶつけられている。代表的なのは、昔ながらの〝同一認識・同一行動〟を徹底させるべきだとの反論だ。

「局長それぞれの個性はあっていいが、組織としての基本的な考えと方向性は同じにすべきだ」

「会員同士の同一認識ができていないため、マスコミへリークしてしまう問題につながっている」

　不満が出るのは組織の方針や考えが間違っているためではなく、組織の方針や考えを会員が理解できていないためだ。そんな理屈から、議論は別の方角へすり替わっていく。

「局長会の歴史、創業の原点について会員に伝えていくことが必要。なぜ局長になれたか、なぜ現在があるかを指導することが大切。郵政関係の新聞で情報収集、自己研鑽が必要だ」

「局長会の活動の成果をもっと会員に伝えることが必要だ。たとえば不転勤や経済面も含め、我々が恩恵を受けていることを広く知らせることも大切だ」

　局長会を正当化する主張は、こんな発想へと結びつく。

「全特も毅然とした態度で正しい情報を世間に発出してほしい。対外的に見せても大丈夫な情報、資料づくりが大切だ」

「局長会はいいことをやっていると、アピールしてほしい。広報活動の実行で、会員の帰属意識の向上やマスコミからの評判が上がる可能性がある」

「郵便局を減らすことは避けるべきだ。逆に今の局数が倍になるにはどうすればよいかなど、将来に夢を持っていけないか」

　正気の沙汰とは思えないが、議論の趨勢は旧来の主張を維持する方向をめざしている。

　本来なら、組織の根幹である三本柱への批判や疑問に対し、正面から堂々と向き合うべきだ。

郵便局の統廃合や局長の転勤が必要だとする意見や根拠に耳を傾け、組織の存在意義を根本から問い直せばいい。それが政治活動の是非を見極めることにも役立つ。

ところが、幹部らは根本の議論から目をそらして思考停止に陥っている。異論や不満は「理解不足のせい」と片づけて議論をすり替え、教本に書かれた空虚なキャッチフレーズをもっともらしく並べるばかり。現実の社会でなぜ三本柱を追求すべきなのか、説明がつかなくなっているからだろう。

２０２２年10月29日に大津市で開かれた2回目のミーティングも、似たような議論が交わされただけだった。[*3]改革派の意見を守旧派が封じる流れだ。

議論の方向性を形作るように、全特副会長の遠藤一朗（東海地方会会長）は大津市での閉会のあいさつでこう語っている。

「様々な問題を抱え、組織のあり方が以前と違ってきているが、組織の理論はまったく変わらない。組織はチームワークが必須である。統一的な行動が取れなくなると組織が衰退していく。まず会員の多様性を認めることが大事であるが、多様性を認めるということは口を閉じて意見を言わないということではなく、協議をして結論を出し、結論が出た以上はそれに従うことが最も重要である」

常人には理解しがたい理屈で、こうも続けた。

「全特として機関決定したものは、部会、地区会、地方会での議論を経て、それを集約して結論が出たものである。その点をよく理解してほしい。末武会長が標榜する『風通しのよい組織』は、いろいろな意見を出し合って、その意見を集約できる組織である。ぜひともそのような行動をとっていただきたい」

組織の執行部が代わらない限り、改革など望むべくもない。

内向きで独りよがりの組織体質

全特副会長の遠藤一朗は就任して間もない2021年6月、業界紙のインタビューで抱負を語っていた。*4

「会社でも全特でも変えるべきものは変えなければならないが、変えてはいけないものもある。例えば、田舎の赤字局は必要ない、など安易な議論が俎上に載ったら、なぜその考えが正しくないのか理念を持って反論すべきだ。しかし、やり方が世間の標準と乖離していては、組織は社会から認められない」

「主張が世間の標準から外れていれば、『局長会は特殊な世界』と相手にされなくなってしまう恐れがある。全特を批判する人たちとも腹を割って話すべき。ベールをかぶると誤解だけが広がっていく」

堂々たる主張だったが、結果はまったく違っていた。

個人情報の政治流用といった疑惑が次々に浮上し、遠藤に至っては「政治家がかんぽ生命などの不祥事の処分を軽くした」と述べていたことが判明した（第十一章参照）。私は遠藤個人や東海地方会にも繰り返し説明を求めたが、遠藤が応じることは一度もなかった。[*5] 彼らはただ逃げて世間から遠ざかっていくばかりだった。

全特理事の宮下民也（九州地方会会長）も2021年8月16日の熊本市の会合で、鮮烈なマスコミ批判を展開していた。[*6]

「どれだけ我々が社会貢献しているかにはまったく触れずに、郵便局長会を悪役に仕立てるような切り口。何をか言わんやです」

宮下が名指しで批判したのは、週刊ダイヤモンドと朝日新聞だった。週刊ダイヤモンドで「郵政消滅」と題した同年夏の特集記事が「誹謗中傷」だと非難し、局長らが移転局舎の不動産を多く取得していると報じた朝日新聞の記事にも不満をぶちまけた。批判するメディアは「敵」であり、自分たちは「正義」と信じて疑わない考えが鮮明だ。

宮下が豪語する〝社会貢献〟とはどのようなものか。私が九州地方会に尋ねると、担当者から「〈発言内容は〉会員向けの話であり、対外的にはコメントを控えます」と返ってきた。[*7]

宮下は同じ場で、こんなことも語っていた。

「少子高齢化で疲弊している地方にとっては、民間金融機関や商店等が軒並み閉鎖に追い込まれていく中にあって、郵便局は最後の砦であります。人がいる限り絶やしてはいけない」

すなわち、郵便局の数を維持しているという事実が、ぜひマスコミで取り上げてほしい〝社会貢献〟なのだろう。政治活動の不正が明るみに出る直前で、宮下はこう発破をかけていた。

「郵便局の信頼はまだまだ捨てたものではありません。この信頼力が来年の選挙に数となって現れる。前回の数を一票でも超える結果となるべく取り組みをよろしくお願いいたします。いろんな外圧がありますが、みんなで知恵を出して頑張って参りましょう」

同じ頃、全特理事の福嶋浩之（東京地方会会長）も2021年9月の会合でこう語っていた。[*8]

「マスコミやツイッターでは、局長会に関していろいろな報道がされたり言われたりしている。それに対して反論をしたとしても、向こうの都合の良いように切り取って書かれるなど悪用される恐れもあり、なかなか反論できない状況だ」

本当にそうだろうか。

第2次安倍政権が発足する以前は、全特やその幹部らはマスコミの取材と正面から向き合っていた。組織が批判を浴びているときでも、民営化の是非や組織のあり方について堂々と議論や意見を交わした。当時の記事のなかに、全特の反論やコメントがいくつも記されていたのは、批判的な取材にもきちんと応じていたからだ。

ところが、2012年に郵政民営化法の改正を実現し、自民党との復縁も果たした頃から、組織は内向き志向へと転じていく。マスコミや世論の理解を得る必要性がなくなったとでも考えたのではないか。

取材を受け入れるのは年に1度の全特総会だけで、公式な記者会見もその日限り。2019年に発覚したかんぽ生命の不祥事では、報道各社からコメントを求められても応じなかった。新型コロナの流行時は感染防止を口実に総会の取材さえ認めず、記者会見も開かなくなったが、その間も局長会に友好的な業界紙の取材には応じていた。私が全特会長へのインタビューを「コロナ禍のため」と断られた数日後、当の会長が業界紙の取材を受けていたこともある。

局長や局長会による不祥事が表沙汰になると、その傾向に拍車がかかった。少なくとも私は顧客情報の流用疑惑でウソの回答を受け取った2021年11月以降も、質問や会長へのインタビューの申し込みを重ねたが、全特が取材に対応することは一度もなかった。[*9] 不都合な現実から目をそらし、ただ逃げているだけである。

2022年の参院選の期間中も、身内の会議では「朝日新聞と西日本新聞は反局長会」「逆風に負けるわけにはいかない」といった陰口が絶えなかった。[*10]

批判に対して結束を固めて対抗するのは、全特の歴史そのものだ。内向きの理屈であれ、政治と密着することでピンチをしのいできた成功体験もある。

しかし、いまは戦後の復興期や高度経済成長期とは違う。郵便物数は下がり続け、稼ぎ頭だった金融2社の収益も縮小傾向が続く。郵便局という「窓口」のニーズは、急速に萎んでいる。全特はそうした環境の変化から目をそむけ、郵便局を何のために守っているかを説明できなくなっている。組織としてめざすべき未来を描けず、明治以来の歴史を振りかざして立ち往生し、グループ経営を蝕んでいる。それが組織の統制が崩壊してきた最大の理由でもある。「敵」を仕立てて結束の強化を図っていても、取り巻く環境は変わりようもないのに。

組織を立て直すためには、何をすべきなのか。

まずは組織の存在意義を見つめ直し、そのあり方を根本から変えていくことだ。

組織に根を下ろす内向きで独りよがりの非常識は一掃し、現代社会に合わせた組織のガバナンス機能を備えなければ、郵便局と組織の未来など語る資格はない。

局長会の上層部に気を使って耳触りのいい〝改革〟をうたう法律事務所ではなく、現状を真剣に憂慮する現場や外部の声に耳を傾け、現実を直視することが組織改革の出発点となる。いまの執行部で改善が見込めない以上は、率直な評価を容赦なく下す第三者に検証してもらい、提言を受けることから始めるのが望ましいのではないか。

【提言1】組織の目的は再定義を

本書を通じて浮かび上がる組織の改善点は、おもに三つある。

第一に、組織の本当の目的を明確にし、目的に沿った現実的な活動に変えていくことだ。会員の「無償労働」と「金銭負担」によって成り立つ組織である以上、局長会は会員の納得を得られる「利益」を代弁し、その向上のために尽くすことを最優先にすべきだ。選挙で候補者を立てて国会に送り込む事実上の政治団体である以上、抽象的な言葉で真の活動目的を隠すことは有権者を欺いているも同然で、会員の理解も得られない。

全特の会則には、郵政事業の発展、地域社会の発展、会員の勤務条件の向上という三つの目的が記されている。ところが実態は、郵政事業と地域社会の発展を名目に、世襲局長の既得権益を守るための三本柱に拘泥し、社員から登用された局長には不利益を強いている。会社の企業統治とは相反する三本柱は、結局、組織力の維持や強化のためのもので、会員個人はただの「コマ」や「金づる」として扱われている。これでは組織がそもそも必要なのかもわからない。

そもそも組織内に不満がくすぶる一因は、社員から登用する局長が増えたことにある。世襲局長が占める割合は小さくなったのに、局長会幹部の座には世襲局長が多くを占め続け、旧来の施策をただ漫然と引き継いでいることが組織疲労の根底にある。

会員にとっての「利益」とは何なのか。どのような会員が何を求めているのか。組織の存在意義を根底から問い直す作業に、まずは着手すべきだ。

三本柱を中核に据えたいまの施策を変えないとすれば、かつての局長会がそうだったように、世襲局長の社会的・経済的地位の向上を堂々と訴えたほうが、理屈としてははるかにわかりやすい。郵便局や局長ポストの数を維持し、収入アップや保有局舎の契約条件の改善を図りつつ、組織力の拡大も追求することが真の目的である。ただし、それで大勢の賛同を得るのは難しい。世襲でない会員を無下にできないからこそ、組織の目的をあいまいにしてきた経緯もある。

いまの会員構成を維持しながら全体の利益を代弁する組織をめざすなら、世襲でない局長の立場や境遇、考え方にも立脚した主張を組み立てる必要がある。収入や勤務条件の向上ばかりが会員の利益ではない。仕事のやりがいや休日取得も含む職場環境の改善も重視される時代だ。局舎の数や局長ポストの維持よりも、これからの郵政事業が本当に社会のためになり得るのかどうか、社会に貢献する事業として10年後も存続できるかどうかに、少なくない現場の局長は心を砕いている。

会員全体の利益のために、議論を重ねて真の目的を整理し、それに沿った施策や主張を堂々と訴えていけば、組織の存在意義も浮かび上がる。賛同される組織に変われば、政治活動の必要性もおのずと見えてくるはずだ。

【提言2】人権に配慮したガバナンス導入を

第二に、人権に配慮し、常識的な企業ガバナンスの導入を受け入れなければならない。組織の暴走を防ぐため、全特自身のガバナンス機能についても構築する必要がある。

いまの全特は、会社の人事や評価を通じて日本郵便社員の人権を迫害し、日本郵便の企業ガバナンスを骨抜きにしている。結果的に郵政事業の足を引っ張り、局長の不祥事を誘発し、郵便局のブランドも深く傷つけてきた。

事業主体がすでに民間企業に変わり、上場企業として当然の企業ガバナンスを装うことには熱心だが、内実は企業ガバナンスの原則とは逆行する三本柱が全特の意思を映して温存されてきた。株主や顧客に対する「建前」と「現実」が食い違う矛盾を抱え、それをごまかしたり隠したりするためにウソも重ねてきた。次第にウソをつく躊躇が消え、ウソをついている自覚さえ薄れている。その結果として、組織に対する会員の信用も失墜しているのだ。

一部の会員から抜本的な立て直しを迫る声が出ているいまこそ、これまでのウソやごまかし、矛盾を一掃するチャンスではないか。

真っ当な組織に生まれ変わるには、「局長会に入る者だけが局長になるべきだ」という歪んだ思想をまずは排除し、本当の意味での「任意団体」に立ち返るべきだ。

いまは〝任意団体〟を標榜しながら、実際は、思想信条の自由を無視した団体加入と政治参加を事実上、強制している。多額の費用を組織に払わせ、自民党員となって政治活動に身を捧げなければ局長にはさせない実態は、現代社会では認められようもない。それ自体が深刻な局長不足をもたらし、事業経営の障害にもなっている。

局長のなり手が減るなか、局長らが現場の社員をスカウトして人事部門に推薦するだけなら、会社にとっても有用な営みとなる。ただし、政治活動への参加などを条件とし、業務とは無関係の面接や研修を行うことはやめるべきだ。業務の一環でスカウトや助言を行い、局長会の入会勧誘だけを業務外の活動に位置づければいい。

人事の権限は企業ガバナンスの中核であり、局長の採否や評価は局長会ではなく、会社の人事部門の判断にゆだねるのが当然だ。そのうえで、局長に採用された者が局長会に入るかどうかは、本人の意思を尊重する。意に反して入会させない配慮も欠かせない。局長が自ら加入する真の「任意団体」になれば、組織は自ら魅力や価値の向上に努める必要に迫られ、その存在意義が本当に認められるかどうかを会員となる局長から厳しく問われるようになる。

当然のことながら、局長会に入らない局長や、途中で退会する局長に対し、差別的な扱いをすることも絶対に許されない。局長会での活動実績や加入の有無が会社の人事評価に影響し、昇格や収入に響く状況も上場企業としてはあり得ない。会社で統括局長を務める局長会幹部らが自主的に改善することを期待できない以上、彼らが持つ人事や評価の権限をなくし、局長会とは無関係に人材評価ができるシステムを築く必要がある。

局長会という組織の変革には、日本郵便という企業の変革も欠かせない。局長会の腐敗がここまで進んだのは、日本郵便のガバナンス不全に局長会がつけ込んできた結果でもある。日本郵便が社員の基本的人権に配慮し、常識的な企業ガバナンスの導入に本気で取り組めば、おのずと局長会のあり方もただすことになる。

ここ数年の局長会は、選挙の得票を増やすこと自体が目的と化し、違法行為を含む不正を誘発させてきた。多くの会員が「危ない」「間違っている」「おかしい」という意識を抱えながら、声を上げず、あるいは声を上げても耳を傾けられずに、暴走を止められなかった。

局長会も自ら問題を検証し、根本原因を特定して、二度と起こさない決意や覚悟を示すべきだ。日本郵便の経営に影響力を持つ組織である限り、局長会自体にも不正を防ぐガバナンス機能が求められる。現場の声や外部の批判に耳を傾け、ミスや失敗があれば率直に認め、運用や方針をいつでも見直せる柔軟な姿勢が必要だ。

【提言3】利用者にとっての「価値」を考える

第三に、現場の実態を直視し、現実に即した「事業の価値向上」に取り組むことだ。

局長会幹部の演説には、二つの特徴がある。一つは、明治以来の歴史や伝統を持ち出して「守るべきだ」と心情に訴えかけること。もう一つは、「地域性」といった抽象的な言葉によって公共的なイメージを強調することで、存在意義や必要性を醸し出すこと。共通するのは、具体的な根拠や中身が乏しく、危機が迫る現実の実態を無視して問題を先送りしていることだ。

明治初期に郵便局網が築かれた歴史に敬意を払うのはいい。ただ、当時の慣習を現代社会にそのまま残すことが〝敬意〟ではない。しかも、古い慣習に固執する本当の理由は「国家公務員への未練」にすぎない。明治初期の「初心」を口実に既得権益を守り、民営化された事業の足を引っ張っている。むしろ明治初期の先人に失礼ではないか。

常套句に使われる「公共性」や「地域性」の中身は、実際にはどのようなものだったか。全特の資料や幹部の発言からすくい上げると、近所のごみ拾いや草刈り、お祭りの手伝いや消防団への参加を「地域活動」と称して取り組むことだ。住民にはありがたいことこの上ないが、それは無償のボランティアだからであって、局長や局員でなければいけない理由は見当たらない。「郵便局の存在意義」をうたう根拠としてはあまりに薄弱だ。

郵政民営化からの十数年を振り返ってみてほしい。

郵便局の「窓口」はほとんど何も変わらず、古びた慣習と効率の悪さがそこかしこに残る。主要事業へのニーズも減り、局に来る客の数も減る一方だ。コンビニチェーンが「窓口」として試行錯誤を重ね、変貌を遂げてきた歳月とは対照的だ。この差は窓口の運営に圧倒的な影響力を持つ局長会の責任でもある。

十数年も費やし、全特も日本郵便も「窓口」サービスの価値を高めることには失敗した。なぜ失敗したのかを検証し、要因を特定して改善できなければ、時間を浪費して寿命を縮める日々がただ続くばかりだ。

失敗の大きな要因は、地域の住民や顧客のニーズに対し、経営陣も全特もまともに向き合えていないことだ。

全特の発想は、局舎の数を維持するのが大前提で、そのために何が必要かを考える過程で、ようやく顧客の利便性に思考がたどり着く。自己中心的な組織のルールや理屈が優先され、住民や顧客の利用実態やニーズが後回しになっている。それは、日本郵便も共通している。

局長会も当面は巨額のお金を動かし、組織の利益代表となる国会議員を擁し、日本郵便に対して一定の影響力を持ち続けるステークホルダーであり続けるだろう。

そうだとすれば、会員の利益向上とあわせ、利用者にとって本当に必要とされる「郵便局のあり方」について、真剣に議論することから逃げてはいけない。

地域の住民や顧客が、どのように郵便局の窓口を利用しているか。客足が遠のいた不都合なデータも、重要な前提事実として直視すべきだ。その上で、これから本当に求められる窓口とはどのようなものか。削るべき無用な要素は何か。事業として成り立つ糸口はあるのか。持続可能性を高めることを突き詰めてもがくことが、組織としてめざすべき「未来」を描くことにも、会員にとっての利益を見極めることにもつながっていくはずだ。

破綻か存続か、最終ジャッジの日

いったいいくつの郵便局が、私たちの生活にとって本当に必要か。10年後も社会にとって必要とされるサービスであり続けられるか。

その審判を私たち自身が下す日も、早晩やってくる。そこで最後に、日本で暮らす生活者が、郵便局の行く末を判断するためのポイントを整理して、本書の結びとしたい。

売り上げが漸減している日本郵政グループの経営は、破綻に向けたカウントダウンがすでに始まっている。2万4千の郵便局の維持に固執したままなら、郵便局が郵便サービスと金融2社も道連れにして行き詰まるのは必至だ。

これまで見てきたように、大型の郵便局が担う郵便や荷物の集配サービスと、旧特定郵便局を中心とする窓口サービスは基本的に別の機能だ。集配機能は大型局に集約され、町のちいさな郵便局は「窓口」を担うだけとなっている。

手紙やはがきを届ける郵便サービスは、まだ当分は生活に不可欠なインフラであり続ける。個人の私信が減っても、企業や自治体の発送物はなお多い。選挙のたびに大量送付される投票所入場券もある。すべてが電子化されるには、まだ時間がかかる。

郵便物数の縮小が続く限り、サービス水準のさらなる切り下げは避けて通れないが、事業の両輪となる宅配サービスは需要が見込める分野だ。宅配の伸びしろとあわせて郵便サービスを効率化できれば、事業の継続性を高めることはできる。

金融2社は先行きが厳しい。かんぽ生命は、一連の不正販売で経営陣や上司に対する厳しい調査と処分を避けた結果、自力での再建は厳しくなった。ゆうちょ銀行は海外経済の変動に揺さぶられやすく、自ら収益力を高める能力は乏しい。2社が郵便局の窓口に払う手数料は2021年度で8354億円と5年前の1兆円超から減ったが、それでも負担は重い。窓口への委託をいかに減らせるかが今後、重大な経営課題になってくる。

では最後に、窓口である町の郵便局は、どのようにして生き残るのか。人口が減り、行政サービスの効率化と集約が進むなか、局長たちが保有する不動産物件をあえて残す必要性をどうやって見つけられるのか。

念のために記しておくと、問われるのは過疎の赤字局の全廃ではない。少なくとも市町村に最低1局を残すくらいは、合理性もあって現実的だ。問題なのは、人口が激減しながら十数局を一つたりとも減らせない北海道夕張市のように、拠点の統廃合をまったく許さない局長会の基本思想だ。

局長会の意向を映して2012年に改正された法律では、2万4千局のネットワークを維持し、とりわけ過疎地の局数は変えないことが明確になっている（第六章参照）。郵便や荷物の引き受けだけでなく、銀行や生命保険の業務を全国の窓口で一律に提供することが、日本郵政と日本郵便に義務づけられた。局長組織の利益と引き換えに、グループ経営を痛めつける異常な法律を自分たちで作っておきながら、それを根拠に局数は維持するしかないのだと訴えられても、共感はできない。

いまの窓口をそのまま維持するには、誰かが多額のコストを負わなければならない。多くの局舎が老朽化し、修繕や移転を迫られている現実がすぐそこにある。主要サービスの値上げだけでは、とても賄えない。すでに年間200億円程度の国民負担が郵便局数を維持するために注ぎ込まれ、現場社員の人件費も削減が続く。こうした犠牲が無尽蔵に膨らむことを、果たして誰が受け入れるのか。

局長会と日本郵政グループが、現代の常識を採り入れて人権にも配慮し、目先の利得を優先する思考から抜け出すことができるか。利用者や地域住民と向き合って窓口サービスの価値を向上できるか。そして、現実的で持続可能な郵政ビジネスの姿を自ら描いて示せるか。その点をよく見極めながら、最終ジャッジの日を迎えようではないか。

おわりに——持続可能な組織づくりに向けて

郵政民営化とは何だったのか。

最終的な評価は歴史にゆだねるとして、ここまで読まれた方なら、民営化などしないほうがよかったと思う者はいないはずだ。

官営だった郵政事業の末期は、杜撰な事業運営がそこかしこに残されていた。経費の使い込みや物品の横領が横行し、ペットや死人の名前で貯金口座や保険契約がつくられ、郵便局長は法外な局舎賃料を受け取り続けた。パワハラやセクハラは日常茶飯事で、局長や幹部の不正は漫然と見過ごされた。自浄能力がなく、ガバナンス機能も低い旧郵政省の管理下で、世間の常識から乖離した組織風土が膨れ上がっていた。

民営化後もかんぽ生命の不正販売を筆頭にあまたの不祥事が起きたが、それは民営化のせいではない。むしろ民営化の針を押し戻したことで、一気にはき出すべきだった膿を体内に残し、自己都合を優先して不正や人権侵害を見過ごす文化から抜け出せなくなってしまった。民営化を中途半端な形で漂流させていることが、事業の改革や改善を先送りし、郵便局の寿命を縮めた最大の要因だ。

結果論で言えば、民営化はもっと早い時期に断行しておくべきだった。郵便事業は宅配サービスを効率よく組み込んで再編し、荷物で国内トップの地位をめざせばよかった。貯金や保険はグループ内の連携を重視しつつも独立した立場で将来の展望を描くべきだ。郵便局窓口は自らの魅力を磨き、万一にも貯金や保険と手を切っても立っていられる「持続可能性」を最優先に戦略を練らなければならなかった。何よりも、社会や人々の生活の変化に合わせ、未来の郵政ビジネスを必死にもがきながら築こうという覚悟と本気度が抜け落ちていた。

先人の活躍と公的なイメージにすがり、中身が伴わない事業形態をただ変えないことに固執し、法律で「現状維持」を無理やり規定させた者たちこそ、「郵便局破綻」を引き寄せた張本人だと自覚すべきだ。その中心にいるのが、地域や郵政事業の利益よりも組織の利益を優先してきた局長会である。

民営化後も郵便局数の維持に血道を上げ、サービスそのものの改善や見直しには無頓着だった。その結果、国民や利用者の負担を増やし、従業員の待遇を悪化させ、サービスレベルを下げるほかに、事業の再建に貢献する手立ては何も打てていない。

本来の目的と手段を取り違えると、払わされる代償がどれほど大きくなるか。局長会の失敗は重い教訓を突きつけている。

改めて取材メモをめくり返すと、実名を明かして取材に協力してくれた郵便局長は20人を超えた。局長以外にも、価値ある内部資料を寄せてくれた関係者がいる。彼ら一人ひとりの熱意と生真面目さが、この本の糧となっている。

取材の協力者に共通するのは、郵便局という窓口のあり方を抜本的に見直し、持続可能で有意義なビジネスに変えていきたいという真剣な思いだ。そうした熱意が局長会という組織はもちろん、日本郵政グループ全体に根づいて主流になっていくことを強く願っている。

私自身は2019年の夏、朝日新聞経済部の特報でかんぽ問題が炎上しているさなか、総務省や郵政グループに関する取材に加わった。地道な取材と報道を積み重ねる同僚たち、前線で働く環境を与えてくれた上司や会社組織がなければ、一つのテーマをここまで深掘りすることはできなかった。本の企画や原稿に助言と励ましをくれる元「週刊朝日」副編集長の河野正一郎さん、前作に続いて出版の機会をくれた光文社新書の小松現さん、緻密なファクトチェックで助けてくれた朝日新聞総合サービスの出版校閲部、そして私の記者生活に関わるすべての友人や仲間にも、心をこめて感謝を申し上げたい。ありがとうございました。

郵政事業の迷走は、決してひとごとではない。

この本が書店に並ぶころ、創刊101年の「週刊朝日」がいよいよ休刊を迎える。日本最古の総合週刊誌であり、私が20~30代の濃密な10年間を過ごし、ライターとしてのノウハウを培った愛すべき古巣でもある。

総合週刊誌の売り上げは、1990年代半ばをピークに30年近くも縮小を続けてきた。デジタルメディアを媒介とするビジネスへの転換が遅れ、社会や生活の変化に適応した新たな収益モデルも築けていない。新聞や書籍といった活字のメディア全体が苦境のさなかにある。

事実を掘り起こし、かみ砕いて伝えるニュース報道もまた、民主主義のためには絶対に必要だと当然のように思ってはいても、そのこと自体が読者や消費者の理解と支持を得られていなければ、事業者は生きてはいけない。

報道やジャーナリズムという営みが、だれのために、どのように役立てるのか。その本質を見失ってはいけないし、共感を取りつける努力も疎かにしないことが大切だ。

末端の一人として、ニュースメディアの持続可能性を高めることにもう少しもがき続けたい。

2023年4月

藤田知也

注釈

【第一章】

＊1　兵庫県の30代女性への2021年11月の筆者取材
＊2　西日本地方の郵便局長への2022年1月の筆者取材
＊3　中国地方郵便局長会「政治問題専門委員会開催模様」（2020年2月26日開催）同年6月内部資料
＊4　全国郵便局長会「部会長代表者会議開催模様」（2020年1月28日開催）同年3月内部資料
＊5　全国郵便局長会「政治問題専門委員会理事会の開催模様について」（2020年6月10日開催）同月内部資料
＊6　中国地方郵便局長会「中特の令和4年参議院選挙に向けた目標・取組」2020年11月内部資料
＊7　近畿地方郵便局長会「8月期近特役員会（2．8．19）審議結果等」2020年8月内部資料
＊8　近畿地方郵便局長会「第1回政治問題専門委員会（2．7．28）審議結果等」2020年7月内部資料
＊9　近畿地方の地区会長作成「『カレンダーお届け先リスト』ファイル活用方法等（8／19近特役員会の審議結果により作成した資料）」2020年8月内部資料、近畿地方郵便局長会事務局長片山裕也の発信メール同年11月
＊10　近畿地方郵便局長会「三様式統一名簿説明動画」2020年11月内部資料
＊11　京都府内の地区会作成「2022年参議院選挙に向けて」2020年8月内部資料
＊12　京都府内の郵便局長への2021年9月の筆者取材

【第二章】

＊1　全国郵便局長会「部会長代表者会議開催模様」（2020年1月28日開催）同年3月内部資料
＊2　全国郵便局長協会連合会『全特』2021年7月号
＊3　全国郵便局長協会連合会『全特』2021年8月号
＊4　全国郵便局長会専務理事・森山真「お願い【カレンダー、自由民主等の取組について】」2020年12月2日付メール
＊5　自由民主党本部2020年10月25日発行「自由民主」号外
＊6　全国郵便局長会「11月期役員会模様」2019年12月2日内部資料
＊7　全国郵便局長会役員会「議案6　カレンダー配布と年賀状差出しについて」2019年11月内部資料
＊8　渥美坂井法律事務所・外国法共同事業外部調査チーム「カレンダー事案に係る日本郵便本社等に対する調査報告書」2021年12月22日公表資料
＊9　西日本新聞2021年10月9日付朝刊
＊10　日本郵便広報担当者への2021年10月22日の筆者取材
＊11　日本郵政社長・増田寛也2021年10月29日記者会見
＊12　全国郵便局長会「回答書」2021年10月11日付
＊13　全国郵便局長会会員2人への2021年10月の筆者取材
＊14　全国郵便局長会「回答書」2021年11月2日付
＊15　日本郵便「年末年始ごあいさつ用カレンダーの配布問題に関する調査結果について」2021年11月26日公表資料
＊16　日本郵便専務執行役員・立林理2021年11月26日記者会見

＊17　日本郵便広報室への2021年11月〜2022年1月の筆者取材
＊18　近畿、中国、東海の各地方会の郵便局長への2021年11月の筆者取材
＊19　日本郵便社長・衣川和秀2021年12月22日記者会見、増田寛也同年12月25日記者会見
＊20　日本郵便「年末年始ごあいさつ用カレンダーの配布問題に関する調査結果について」
2021年11月26日公表資料
＊21　立林理2021年11月26日記者会見
＊22　九州、中国、東海、関東の各地方会の郵便局長への2021年12月〜2022年1月の筆者取材
＊23　日本郵便「業務外活動の調査結果」2021年12月22日公表資料
＊24　日本郵便「総務省への報告について」2022年1月21日公表資料
＊25　日本郵便広報室部長・村田秀男2022年1月21日記者説明会
＊26　総務省・郵便局データの活用とプライバシー保護の在り方に関する検討会（第2回）議事要旨
2022年1月25日
＊27　日本郵便「お客さまの個人情報を業務外の活動に使用した事案に係る関係者の処分等について」
2022年2月1日公表資料
＊28　増田寛也2022年2月10日記者会見
＊29　顧客情報の不正利用で処分された局長への2022年2月の筆者取材
＊30　東京地方郵便局長会「新年会」動画2022年1月内部資料
＊31　京都府の地区会会長の会員あて文書2022年2月内部資料
＊32　京都府の郵便局長への2022年7月の筆者取材
＊33　全国郵便局長会「令和4年7月期　役員会模様」2022年8月内部資料

＊34　全国郵便局長会「令和4年8月第1回将来構想PT模様」２０２２年10月内部資料

【第三章】

＊1　信越地方の地主男性への２０２１年5月の筆者取材
＊2　日本郵便支社の店舗担当経験者2人への２０２１年1～8月の筆者取材
＊3　日本郵便チャネル企画部作成資料２０２０年内部資料
＊4　朝日新聞２０２１年8月13日付朝刊
＊5　東海地方の地主男性への２０２１年6月の筆者取材
＊6　日本郵便支社の局舎担当経験者2人への２０２１年1～8月の筆者取材
＊7　郵政事業の関連法人の整理・見直しに関する委員会「第二次報告」２００７年10月4日公表資料、同委員会委員長松原聡の同日記者会見
＊8　郵便局チャネルの強化に関する検討委員会「郵便局チャネルの強化に関する検討委員会　報告書」２００９年9月11日公表資料
＊9　日本郵便チャネル企画部「新築局舎の契約条件等」２０２０年内部資料
＊10　全国郵便局長会「第1回置局・局舎専門委員会開催模様」（２０１９年9月2日開催）同月内部資料
＊11　東日本地方の地主女性からの２０２１年6月の手紙
＊12　日本郵便チャネル企画部「新築局舎の契約条件等」２０２０年内部資料
＊13　東海地方郵便局長会・東海地方郵便局長協会「東海春秋」２０２１年9月内部資料
＊14　日本郵便広報室２０２１年10月29日取材回答
＊15　中国地方の郵便局長への２０２１年9月の筆者取材

＊16　東海地方郵便局長会・東海地方郵便局長協会「東海春秋」２０２１年7月内部資料、九州地方の郵便局長への同年8月の筆者取材
＊17　全国郵便局長会「部会長代表者会議開催模様」（２０２０年1月28日開催）同年3月内部資料
＊18　全国郵便局長会「礎」２０１９年12月改訂内部資料
＊19　日本郵便支社の店舗担当経験者2人への２０２１年1～8月の筆者取材
＊20　さいたま市の地主男性への２０２２年8月～２０２３年1月の筆者取材
＊21　日本郵便広報室２０２３年1月23日取材回答
＊22　日本郵便広報室２０２２年4月8日、同月28日、同年6月1日の各取材回答
＊23　日本郵便関係者2人への２０２３年1月の筆者取材
＊24　日本郵便広報室２０２３年1月23日取材回答
＊25　青山学院大学名誉教授・八田進二への２０２３年1月の筆者取材
＊26　日本郵便社外取締役6人への２０２３年1月の筆者取材
＊27　弁護士・牛島信への２０２３年1月の筆者取材
＊28　日本郵便広報室２０２２年4月28日、同年6月1日の各取材回答
＊29　信越地方の地主男性への２０２２年6月～２０２３年1月の筆者取材
＊30　総務相・松本剛明２０２３年2月28日記者会見
＊31　日本郵便広報室２０２３年2月28日取材回答
＊32　日本郵便支社の店舗担当者への２０２３年1月の筆者取材

【第四章】

＊1　日本郵便近畿支社関係者3人への2022年1～4月の筆者取材

＊2　日本郵便広報室2022年7月29日取材回答

＊3　日本郵便・ゆうちょ銀行「長崎県・長崎住吉郵便局元局長による現金詐取事案について（調査結果）」2021年6月2日公表資料

＊4　朝日新聞2022年7月27日付朝刊

＊5　読売新聞2022年5月27日付朝刊、同年7月27日付朝刊

＊6　日本郵便「再発防止策」2021年6月2日公表資料

＊7　日本郵便社長・衣川和秀2022年6月2日記者会見

＊8　日本郵便四国支社「愛媛県・深浦郵便局元局長による郵便局資金横領等」2022年7月21日公表資料

＊9　日本郵便九州支社「熊本県・二江郵便局元局長の逮捕」2021年6月29日公表資料

＊10　日本郵便九州支社関係者2人への2021年9月の筆者取材

＊11　朝日新聞2021年12月9日付朝刊

＊12　日本郵便近畿支社「大阪府　守口金田郵便局元局長及び守口西郷郵便局元局長による会議費等詐取」2022年3月25日公表資料

＊13　日本郵便中国支社「山口県　奈美郵便局元局長による貯金払戻金横領等」2022年1月20日公表資料

＊14　日本郵便信越支社「新潟県内の元郵便局長による会社物品の横領及び会社経費の詐取」2022年4月5日公表資料

＊15　日本郵便近畿支社関係者への2022年11月～2023年1月の筆者取材、日本郵便広報室2023年1月25日取材回答
＊16　日本郵便九州支社関係者と福岡県内の郵便局長への2021年9月の筆者取材
＊17　日本郵便広報室2021年9月6日取材回答
＊18　日本郵便幹部と九州支社関係者への2021年9月の筆者取材
＊19　日本郵政社長・増田寛也2021年10月1日記者会見
＊20　全国郵便局長協会『全特』2021年8月号
＊21　日本郵便関東支社「埼玉県・川口芝中田郵便局における会社経費詐取」2023年2月10日公表資料
＊22　末武晃「局長犯罪の発覚について」2023年2月10日付メッセージ内部資料

【第五章】

＊1　全国特定郵便局長会「読本『特定郵便局長』」1993年内部資料
＊2　全国郵便局長会「郵便局長の後継者育成マニュアル」2019年内部資料
＊3　伊藤真利子「郵便局整備は地元有力者活用」『週刊エコノミスト』2021年12月14日号、同「戦前の郵便支えた特異な構造」『週刊エコノミスト』2022年1月25日号
＊4　大森俊次『局長会ものがたり』逓信新報社1966
＊5　全国郵便局長会「郵便局長の後継者育成マニュアル」2019年内部資料
＊6　全国特定郵便局長会「読本『特定郵便局長』」1993年内部資料
＊7　全国郵便局長会「郵便局長の後継者育成マニュアル」2019年内部資料
＊8　全国特定郵便局長会「読本『特定郵便局長』」1993年内部資料

＊9　全国郵便局長会「郵便局長の後継者育成マニュアル」２０１９年内部資料
＊10　山脇岳志『郵政攻防』朝日新聞社２００５年
＊11　松原聡「郵政改革について」『生活経済学研究』生活経済学会２０１０年9月
＊12　栢植芳文『公の魂は失わず』スケープス２０１６年
＊13　全国郵便局長会「部会長代表者会議開催模様」（２０２０年1月28日開催）同年3月内部資料
＊14　日本郵政「郵政公社総裁定例会見（２００６年12月20日）」ホームページ公表資料
＊15　日本郵政「郵政公社総裁定例会見（２００６年1月18日、同年4月26日）」ホームページ公表資料
＊16　全国郵便局長会「郵便局長の後継者育成マニュアル」２０１９年内部資料、全国郵便局長会「部会長代表者会議開催模様」（２０２０年1月28日開催）同年3月内部資料
＊17　日本郵政「郵便局株式会社における郵便局のあり方についての基本的な考え方（新・郵便局ビジョン）」２００６年11月30日公表資料
＊18　西川善文『挑戦　日本郵政が目指すもの』幻冬舎新書２００７年
＊19　菅義偉『政治家の覚悟』文春新書２０２０年
＊20　西川善文『挑戦——日本郵政が目指すもの』幻冬舎新書２００７年
＊21　栢植芳文『公の魂は失わず』２０１６年スケープス
＊22　栢植芳文『公の魂は失わず』２０１６年スケープス
＊23　栢植芳文『公の魂は失わず』２０１６年スケープス

【第六章】
＊1　朝日新聞２００５年4月5日付朝刊、同月28日付朝刊

＊2　朝日新聞２０１０年2月20日付朝刊
＊3　栢植芳文『公の魂は失わず』２０１６年スケープス
＊4　全国郵便局長会「評議員会議事概要」（２０２２年3月26日開催）同年４月内部資料

【第七章】

＊1　通信文化新報２０２０年11月23日付
＊2　全国郵便局長会「会長退任挨拶」２０２０年5月内部資料
＊3　全国郵便局長会「部会長代表者会議開催模様」（２０２０年1月28日開催）同年3月内部資料
＊4　朝日新聞２０１３年3月9日付朝刊
＊5　元全国郵便局長会幹部への２０２０年3月の筆者取材、「ＦＡＣＴＡ」２０１３年5月号
＊6　栢植芳文『公の魂は失わず』２０１６年スケープス
＊7　栢植芳文『公の魂は失わず』２０１６年スケープス
＊8　元日本郵便幹部への２０２０年１月の筆者取材
＊9　郵政関係者への２０１９年12月〜２０２１年１月の筆者取材
＊10　郵政関係者への２０１９年12月の筆者取材
＊11　日本郵便広報室２０２３年４月10日取材回答
＊12　元全国郵便局長会幹部と日本郵政幹部への２０２０年12月〜２０２１年3月筆者取材
＊13　元日本郵便幹部と総務省幹部２人への２０１９年11月〜２０２０年9月の筆者取材
＊14　日本郵便「日本郵便の取組」２０２２年3月16日経産省会議公表資料
＊15　元日本郵便幹部への２０２２年６月の筆者取材

*16　元全国郵便局長会幹部への2020年3月の筆者取材
*17　通信文化新報2019年7月8日付
*18　全国郵便局長会「会長退任挨拶」2020年5月内部資料
*19　全国郵便局長会「部会長代表者会議開催模様」（2020年1月28日開催）同年3月内部資料
*20　全国郵便局長会「部会長代表者会議開催模様」（2020年1月28日開催）同年3月内部資料

【第八章】

*1　2019年1月24日午前の音声データ
*2　福岡地裁第3民事部損害賠償請求事件（令和元年ワ第3572号）判決2021年10月22日
*3　2019年1月24日午後の音声データ
*4　福岡地裁第3民事部損害賠償請求事件判決2021年10月22日
*5　2019年1月24日夜の音声データ
*6　福岡地裁第3民事部損害賠償請求事件判決2021年10月22日
*7　日本郵便九州支社の元副主幹地区統括局長「陳述書」2020年2月26日
*8　福岡地裁第3民事部損害賠償請求事件判決2021年10月22日
*9　2019年3月7日午後の音声データ反訳書
*10　福岡地裁第3民事部損害賠償請求事件判決2021年10月22日
*11　福岡地裁第3民事部損害賠償請求事件判決2021年10月22日
*12　元副主幹地区統括局長　司法警察員面前調書2019年10月29日
*13　元副主幹地区統括局長「陳述書」2020年2月26日

＊14　２０１９年12月25日の音声データ反訳書
＊15　日本郵便広報室への２０２０年２月の筆者取材、朝日新聞２０２０年２月25日付朝刊
＊16　ＪＰ改革実行委員会「日本郵政グループの内部通報窓口その他各種相談窓口等の仕組み及び運用状況等に係る検証報告書」２０２１年１月29日公表資料
＊17　日本郵便「内部通報に関する不適切な取り扱いについて」２０２１年７月16日公表資料
＊18　日本郵便常務・志摩俊臣２０２１年７月16日記者会見
＊19　日本郵便広報室２０２１年７月16日取材回答
＊20　元副主幹地区統括局長「陳述書」２０２１年４月20日
＊21　福岡地裁第３民事部損害賠償請求事件速記録２０２１年６月４日

【第九章】
＊１　九州地方の郵便局長への２０２１年９月の筆者取材
＊２　日本郵便九州支社人事部課長　検察官面前調書２０２０年12月17日
＊３　日本郵便社長・衣川和秀２０２１年６月２日記者会見
＊４　九州支社人事部課長　検察官面前調書２０２０年12月17日
＊５　福岡県の地区統括局長　検察官面前調書２０２０年12月17日
＊６　全国郵便局長会「郵便局長の後継者育成マニュアル」２０１９年３月内部資料
＊７　全国郵便局長会「部会長代表者会議開催模様」（２０２０年１月28日開催）同年３月内部資料
＊８　全国郵便局長会「郵便局長の後継者育成マニュアル」２０１９年３月内部資料
＊９　関東地方郵便局長会「全特魂を持った郵便局長を目指して〜郵便局長後継者育成マニュアル〜」

２０１３年3月内部資料
＊10　中国地方の郵便局長への２０２１年8月の筆者取材
＊11　中国、東海地方の郵便局長２人への２０２１年６~8月の筆者取材
＊12　福岡県の地区統括局長　検察官面前調書２０２０年12月17日
＊13　九州支社人事部課長　検察官面前調書２０２０年12月17日
＊14　日本郵便「社内規程」２０２２年8月時点　内部資料
＊15　福岡県の地区統括局長　検察官面前調書２０２０年12月17日
＊16　西日本地方の郵便局長への２０２２年１月の筆者取材
＊17　九州地方の元地区郵便局長会役員への２０１９年9月の筆者取材
＊18　大阪地裁第16民事部損害賠償請求事件（平成28年ワ１０１１９号）判決２０１８年12月12日
＊19　大阪高裁第3民事部損害賠償請求控訴事件（平成31年ネ１６０号）判決２０１９年７月26日
＊20　東京都立大学教授・木村草太への２０２１年10月18日の筆者取材
＊21　日本郵政社長・増田寛也２０２１年10月29日記者会見
＊22　増田寛也２０２２年3月30日記者会見
＊23　東日本地方の郵便局長への２０２２年8月の筆者取材

【第十章】
＊1　中国地方郵便局長協会・中国地方郵便局長会『中特情報』２０２１年4月1日
＊2　九州郵便局長協会『九特』２０２１年6月号
＊3　40代の郵便局長への２０２１年8月の筆者取材

＊4　東海地方郵便局長会事務局「局長協会財政の改善状況と現状」２０２１年7月内部資料
＊5　東海地方郵便局長会事務局「事務局からのお知らせ」２０２１年6月内部資料
＊6　東海地方の郵便局長への２０２１年8月の筆者取材
＊7　中国地方郵便局長会役員会資料２０２０年11月内部資料
＊8　郵政政策研究会東海地方本部「郵政政策研究会　組織図」２０２１年6月内部資料
＊9　日本郵便支社社員への２０２１年5〜6月の筆者取材
＊10　郵政政策研究会「収支報告書」２０１９年分
＊11　柘植芳文後援会「収支報告書」２０１９年分
＊12　全国郵便局長会『全特』２０２１年8月号
＊13　中国地方郵便局長協会・中国地方郵便局長会『中特情報』２０２１年4月1日
＊14　中国地方郵便局長会役員会「令和３年度以降の地区会顕彰のあり方について」２０２１年４月内部資料
＊15　日本郵便社内サイト「意見要望」２０２１年10月内部資料
＊16　東海地方の郵便局長3人への２０２２年7〜9月の筆者取材
＊17　朝日新聞２０１３年3月2日付朝刊、「ＦＡＣＴＡ」２０１３年5月号
＊18　中国地方郵便局長会「つげ後援会協力団体」２０１９年1月内部資料
＊19　中国地方の郵便局長2人への２０２１年8月〜２０２２年9月の筆者取材
＊20　全国郵便局長会「部会長代表者会議開催模様」（２０２０年1月28日開催）同年3月内部資料、郵政政策研究会会長・山本利郎同年1月の後援会会員あて手紙
＊21　広島県の郵便局長への２０２２年9月の筆者取材

【第十一章】

＊1　兵庫県の郵便局長2人への2021年11月～2022年1月の筆者取材
＊2　東海地方郵便局長会「拡大政治問題委員会あいさつ」2020年9月内部資料
＊3　日本郵便広報室2021年12月2日取材回答
＊4　東海地方郵便局長会幹部への2021年8月の筆者取材
＊5　柘植芳文『公の魂は失わず』2016年スケープス
＊6　全国郵便局長会「指針　新時代における郵便局長」2008年5月内部資料
＊7　全国郵便局長会「政治対応の基本的な考え方」2014年11月内部資料
＊8　全国郵便局長会「指針　新時代における郵便局長」2008年5月内部資料
＊9　全国特定郵便局長会「読本『特定郵便局長』」1993年内部資料
＊10　全国郵便局長会「礎」2019年12月改訂内部資料
＊11　全国郵便局長会「礎」2019年12月改訂内部資料
＊12　全国郵便局長会「礎」2019年12月改訂内部資料
＊13　全国特定郵便局長会「読本『特定郵便局長』」1993年内部資料
＊14　全国郵便局長会「指針　新時代における郵便局長」2008年5月内部資料
＊15　日本郵便社長・衣川和秀2021年6月2日記者会見
＊16　全国郵便局長会「礎」2019年12月改訂内部資料
＊17　全国特定郵便局長会「読本『特定郵便局長』」1993年内部資料

【第十二章】

＊1　大川村村議・和田将之への2022年6月の筆者取材
＊2　朝日新聞デジタル2022年6月29日配信記事
＊3　川上千代子への2022年6月の筆者取材
＊4　秋山田鶴子への2022年6月の筆者取材
＊5　大川村村長・和田知士への2022年6月の筆者取材
＊6　日本郵便広報室と大川郵便局長への2022年6月の筆者取材
＊7　北海道夕張市議会議員への2022年9月の筆者取材
＊8　加藤進一への2022年9月の筆者取材
＊9　前田安幸への2022年9月の筆者取材
＊10　中谷勝恵への2022年9月の筆者取材
＊11　川畑晴子への2022年9月の筆者取材
＊12　吉岡憲一への2022年8月の筆者取材
＊13　東海地方の郵便局長への2021年11月の筆者取材
＊14　日本郵便「郵便局局数情報」（2022年3月末時点）ホームページ公表資料
＊15　元日本郵便幹部への2022年7月の筆者取材
＊16　日本郵便広報室への2022年8月の筆者取材
＊17　川畑義夫への2022年7月の筆者取材
＊18　日本郵便「郵便局窓口営業時間の短縮について」2021年6月22日公表資料
＊19　日本郵便広報室への2022年8月の筆者取材

＊20　東海大学教授・立原繁への2022年8月の筆者取材
＊21　東京国際大学名誉教授・田尻嗣夫への2021年9月の筆者取材
＊22　日本郵便「地域別の連携状況一覧」2022年3月末時点ホームページ公表資料
＊23　日本郵便広報室への2022年8月の筆者取材
＊24　日本郵便「郵便局局数情報」（2022年7月末時点）ホームページ公表資料
＊25　立原繁『欧州郵政事業論』2019年東海大学出版部

【終章】

＊1　全国郵便局長会「令和3年度会務報告」2022年5月内部資料
＊2　全国郵便局長会「第1回全特の未来を考えるミーティング協議結果について」（2022年2月23日開催）同年7月内部資料
＊3　全国郵便局長会「第2回全特の未来を考えるミーティング模様」（2022年10月29日開催）同年11月内部資料
＊4　「郵湧新報」2021年6月10日付
＊5　全国郵便局長会副会長・遠藤一朗と東海地方郵便局長会への2021年10月～2022年2月の筆者取材
＊6　九州地方郵便局長会『九特』2021年10月号
＊7　九州地方郵便局長会への2022年1月の筆者取材
＊8　全国郵便局長会「令和3年度会務報告」2022年5月内部資料
＊9　全国郵便局長会への2021年11月～2022年7月の筆者取材
＊10　近畿・東海・九州地方の局長4人への2022年4～7月の筆者取材

参考文献

有田哲文、畑中徹『ゆうちょ銀行』東洋経済新報社2007年9月
円応正記『実録　特定郵便局長さん』新風舎2006年10月
大森俊次『局長会ものがたり』逓信新報社1966年
柘植芳文『公の魂は失わず』スケープス2016年
西川善文『挑戦——日本郵政が目指すもの』幻冬舎新書2007年9月
藤田知也『郵政腐敗　日本型組織の失敗学』光文社新書2021年4月
町田徹『日本郵政　解き放たれた「巨人」』日本経済新聞出版2005年11月
山脇岳志『郵政攻防』朝日新聞社2005年12月
「郵政消滅」『週刊ダイヤモンド』2021年7月31日号
「郵政崩壊」『週刊東洋経済』2021年2月13日号
全国特定郵便局長会「読本『特定郵便局長』」1993年内部資料
全国郵便局長会「礎」2019年12月改訂内部資料
全国郵便局長会「礎」2008年5月改訂内部資料
全国郵便局長会「指針　新時代における郵便局長」2008年5月内部資料
全国郵便局長会「郵便局長の後継者育成マニュアル」2019年3月内部資料
郵政政策研究会「政治活動と選挙運動のあらまし」2012年12月内部資料
郵政政策研究会「後援会活動の基礎知識」2015年11月内部資料
橋本賢治「郵政民営化法等改正法の成立」『立法と調査』参議院事務局企画調整室2012年9月
松原聡「郵政改革について」『生活経済学研究』2010年9月
朝日新聞・朝日新聞デジタル・西日本新聞の日本郵政グループに関する各記事

全国郵便局長会役員と専門委員会（2022年度）

役員		
会長	末武 晃	中国地方会会長（山口県・萩越ケ浜郵便局長）
副会長	遠藤 一朗	東海地方会会長（岐阜県・牛道郵便局長）
	西條 英夫	信越地方会会長（新潟県・稲田郵便局長）
	福嶋 浩之	東京地方会会長（東京都・八王子並木町郵便局長）
専務理事	森山 真	元総務省官僚
理事	清水 浩之	北海道地方会会長（北海道・江部乙郵便局長）
	髙島 貞邦	東北地方会会長（福島県・大玉郵便局長）
	三神 一朗	関東地方会会長（山梨県・昭和郵便局長）
	石田 尚史	北陸地方会会長（石川県・大谷郵便局長）
	土田 茂樹	近畿地方会会長（滋賀県・浜大津郵便局長）
	向井 則之	中国地方会副会長（広島県・広島戸坂新町郵便局長）
	宮川 大介	四国地方会会長（高知県・土佐山田神母ノ木郵便局長）
	宮下 民也	九州地方会会長（熊本県・熊本西原郵便局長）
	伊志嶺 豊和	沖縄地方会会長（沖縄県・宮平郵便局長）

専門委員会	
基本問題専門委員会	置局・局舎専門委員会
地域貢献・地方創生専門委員会	人事制度・人材育成専門委員会
総合政策専門委員会（旧政治問題専門委員会）	防災ＰＴ
事業改革・営業推進専門委員会	全特結成70周年対応ＰＴ
集配センターマネジメント統合専門委員会	

歴代全特会長（地方会、就任年）

初代	佐伯 玄洞	（九州、1953年）
第2代	小出 至	（近畿、1961年）
第3代	高田 豊水	（九州、1972年）
第4代	福田 七右衛門	（関東、1975年）
第5代	富塚 太郎	（四国、1980年）
第6代	熊谷 五郎	（北海道、1983年）
第7代	斎藤 博	（中国、1985年）
第8代	田中 弘邦	（信越、1989年）
第9代	中崎 典男	（北陸、1995年）
第10代	清水 勝次	（東京、1997年）
第11代	竹内 清史	（関東、2001年）
第12代	高橋 正安	（東海、2002年）
第13代	中川 茂	（東北、2007年）
第14代	浦野 修	（東京、2008年）
第15代	柘植 芳文	（東海、2009年）
第16代	黒田 敏博	（中国、2012年）
第17代	大澤 誠	（関東、2014年）
第18代	青木 進	（信越、2016年）
第19代	山本 利郎	（北陸、2019年）
第20代	末武 晃	（中国、2020年）

全国郵便局長会会則（抜粋）　※2009年1月31日現在

第１条　この会は、全国郵便局長会といい、全国の郵便局長をもって組織し、本部を東京都に置く。呼称は、歴史的経緯に鑑み、「全特」とする。

第２条　この会の下部機構として、地方会、地区会及び部会を置く。

第３条　この会は、会員の団結により、郵政事業及び地域社会の発展に寄与するとともに、会員の勤務条件の向上を図ることを目的とする。

第４条　この会は、前条の目的を達成するため次の事業を行う。

１　地域密着型の郵便局の特性を維持発展させるための諸制度に関すること。

２　郵政事業及び会員に関する必要事項についての調査、研究、対策並びに折衝に関すること。

３　会員の教育研修及び福利厚生に関すること。

４　その他目的達成のため必要なこと。

第５条　第3条の目的達成のため、政治的、社会的主張を行い行動する。

第６条　この会の議決機関は、総会と評議員会とする。

第７条　総会は、この会の最高議決機関であって、地区会長及び役員をもって構成し、毎年１回定期に会長が招集する。ただし、評議員会が必要と認めたとき、又は構成員の３分の１以上の請求があったときは、臨時に総会を開催しなければならない。

第９条　評議員会は、総会に次ぐ議決機関であって、評議員及び役員をもって構成し、必要に応じ会長が招集する。

第11条　この会の執行機関として、役員会を置く。

第12条　役員会は、会長、副会長、専務理事、理事をもって構成し、必要に応じ、会長が招集する。

第14条　この会に、次の役員を置く。

会長１名　副会長３名以内　専務理事１名　理事10名以内　監事４名以内

会長、副会長及び監事は、総会において会員の中から無記名投票により選出する。専務理事は、会員以外のものから役員会において選考し、総会の承認を受けるものとする。理事は、会長に選出された会員の属する地方会の会長に代わる者１名及び副会長に選出された会員の属する地方会以外の地方会の会長とし、総会の承認を受ける。

第16条　役員の任期は２年とする。ただし、再任を妨げない。

第20条　この会の運営に要する経費は、会費、臨時会費、寄付金その他の収入をもって充てる。会費は、１人１か月当たり基本給月額に1000分の5.5を乗じた額（ただし、100円未満の端数は四捨五入する）とし、各地方会において取りまとめ、年４回に分かち、4月、7月、10月、１月の各末日までに納付する

第21条　会員は、会費を納入する義務がある。

第28条　会員が会の決定に違反したとき、又は会員としてふさわしくない行為をしたときは、総会の議を経て除名することができる。

郵政事業の歴史と関連するおもな出来事

1871年　郵便事業（東京―大阪・京都間）開始
1874年　郵便取扱役組合発足
1875年　郵便為替・貯金事業開始。郵便役所・郵便取扱所を「郵便局」に改称
1885年　逓信省創設
1886年　郵便局を一等〜三等に区分。郵便取扱役の局は三等郵便局に、郵便取扱役は三等郵便局長に改称
1894年　三等郵便局長協議会発足
1913年　三等郵便局長会発足
1916年　簡易生命保険事業開始
1926年　郵便年金事業開始
1941年　等級制廃止。三等郵便局は特定郵便局に、一等・二等郵便局は普通郵便局に改称
1943年　特定郵便局長連合会発足
1946年　全逓が特定局制度撤廃を逓信省に要求。全国特定郵便局長連合会発足
1948年　国家公務員法で特定局長が一般職の公務員に。兼職禁止に
1949年　郵政省設置
1950年　GHQが全国特定郵便局長会の解散を命令
1953年　全国特定郵便局長会発足
1956年　自民党が特定局長特別職法案を議員立法で提案、廃案に
1957年　国会で特定郵便局制度の存廃を審議する「特定郵便局制度調査会」設置

1958年　特定郵便局制度調査会が「特定郵便局制度を認める」との答申を郵政大臣の田中角栄に提出
1997年　橋本龍太郎政権の行政改革会議で、中央省庁再編と郵貯資金の自主運用を決定
2001年
1月　省庁再編で総務省、郵政事業庁が発足
4月　小泉純一郎政権が誕生
8～9月　近畿郵政局長ら16人が公選法違反容疑で逮捕。高祖憲治が参院議員辞職
2003年
4月　日本郵政公社発足。初代総裁に生田正治が就任
2004年
9月　小泉政権が郵政民営化の基本方針を閣議決定
2005年
8月　郵政民営化関連法案が参院で否決。小泉純一郎が衆院解散し、翌月の総選挙で圧勝
10月　郵政民営化関連法が成立、2007年10月の民営化が決定
2006年
1月　日本郵政株式会社設立。西川善文が初代社長に
4月　郵政民営化委員会発足
2007年
10月　郵政民営化。日本郵政のもとで郵便事業、郵便局、ゆうちょ銀行、かんぽ生命が発足
2008年
1月　政治団体「郵政政策研究会」設立

2009年

5月　「全国特定郵便局長会」を「全国郵便局長会（全特）」に改称。会則を改正

9月　民主党政権が発足

10月　日本郵政社長に斎藤次郎が就任

12月　郵政株式処分凍結法成立

2012年

4月　改正郵政民営化法成立

10月　郵便局と郵便事業が統合して日本郵便発足

12月　第2次安倍晋三政権が発足。日本郵政社長に坂篤郎が就任

2013年

6月　日本郵政社長に西室泰三、同副社長に鈴木康雄が就任

7月　参院選で元全特会長の柘植芳文が42万票を獲得して当選

2015年

11月　日本郵政とゆうちょ銀行、かんぽ生命の3社が東証一部に株式上場

2016年

4月　日本郵政社長に長門正貢が就任

6月　日本郵便社長に横山邦男が就任

7月　参院選で元日本郵便近畿支社長の徳茂雅之が52万票を獲得して当選

2017年

9月　政府が日本郵政株を売却、保有割合は約6割に

2018年
6月　郵便局ネットワーク維持支援の交付金・拠出金制度が議員立法で創設。翌年度から開始

2019年
6月　朝日新聞がかんぽ生命不正問題を報道
7月　参院選で柘植芳文が60万票を獲得して再選
12月　かんぽ問題で金融庁がかんぽ生命と日本郵便に業務停止命令、日本郵政も含む3社に業務改善命令

2020年
1月　日本郵政社長に増田寛也、日本郵便社長に衣川和秀が就任
1月　元副主幹地区統括局長による内部通報者脅迫事件が発覚
9月　ゆうちょ銀行で貯金が不正に引き出される被害が大量発覚
11月　土曜・翌日の郵便配達廃止を認める郵便法改正が国会で成立

2021年
3月31日　日本郵便が内部通報者脅迫事件で元副主幹地区統括局長ら7人を追加処分
4月6日　日本郵便が長崎市の元郵便局長による顧客ら50人超の10億円超の詐取被害を公表
5月14日　日本郵政グループが25年度までに従業員約3.5万人の削減計画を発表
5月23日　全特軽井沢総会
6月8日　内部通報者脅迫事件で元副主幹地区統括局長に有罪判決
7月16日　日本郵便が内部通報者脅迫事件で担当幹部らの処分を発表
7月21日　日本郵便が愛媛県の郵便局長による2億4千万円の着服を公表
8月13日　朝日新聞が移転局舎の約3割を局長が取得していた調査結果を報道

10月2日　日本郵便が土曜日の郵便配達を廃止。翌年から翌日配達も廃止
10月6日　政府が日本郵政株の売却を発表、保有割合が3割台に縮小
10月9日　西日本新聞が局長カレンダーの政治流用疑惑を報道
10月28日　朝日新聞が個人情報の政治流用疑惑を報道
11月2日　朝日新聞が連載「『裏』の郵便局長会」開始
11月26日　日本郵便がカレンダー問題で統括局長90人の処分を発表

2022年

1月20日　日本郵便が山口県の元郵便局長による計1億1600万円の横領などの被害を公表
1月21日　日本郵便が顧客情報1318人分の流出・不正利用を公表。調査打ち切りを表明
1月25日　総務省有識者会議で顧客情報流用の調査打ち切りに「論外」などの批判続出
2月1日　日本郵便が顧客情報流用で局長110人の処分を発表。調査打ち切り
2月23日　全特「第1回全特の未来を考えるミーティング」開催
3月15日　朝日新聞が連載「『裏』の郵便局長会Ⅱ」開始
5月22日　全特横浜総会
6月2日　朝日新聞が郵便局舎の取得手続きでの虚偽報告を報道
7月10日　参院選で元全特副会長の長谷川英晴が41万票を獲得して当選
10月29日　全特「第2回全特の未来を考えるミーティング」開催

2023年

6月18日　全特沖縄総会（全特70周年記念大会）

※全特資料などをもとに作成

筆者への情報提供やご連絡は下記へお寄せください。
fujitat2017@gmail.com

本文写真　著者
本文デザイン　板倉洋

藤田知也（ふじた・ともや）

朝日新聞記者。早稲田大学大学院修了後、2000年に朝日新聞社入社。盛岡支局を経て、02～12年、「週刊朝日」記者。経済部に移り、18年4月から特別報道部、19年9月から経済部に所属。著書に、『強欲の銀行カードローン』（角川新書）、『日銀バブルが日本を蝕む』（文春新書）、『やってはいけない不動産投資』（朝日新書）、『郵政腐敗 日本型組織の失敗学』（光文社新書）がある。

郵便局の裏組織「全特」―― 権力と支配構造

2023年5月30日初版1刷発行

[著者] 藤田知也

[発行者] 三宅貴久

[装幀] 板倉 洋

[組版] 堀内印刷

[印刷所] 堀内印刷

[製本所] 国宝社

[発行所] 株式会社 光文社
東京都文京区音羽1-16-6(〒112-8011)
https://www.kobunsha.com/

[TEL] 編集部03(5395)8289 書籍販売部03(5395)8116
業務部03(5395)8125

[メール] sinsyo@kobunsha.com

 ISBN 978-4-334-95378-2